MARY ANGEL JACSON
RESHMA K

Análise comparativa das propriedades antioxidantes dos extractos de farelo de arroz

MARY ANGEL JACSON
RESHMA K

Análise comparativa das propriedades antioxidantes dos extractos de farelo de arroz

Um estudo de Oryza sativa L.cv. Jyothi e Oryza sativa L.cv. Rakthasali

ScienciaScripts

Imprint

Cover image: www.ingimage.com

This book is a translation from the original published under ISBN 978-620-7-47160-7.

Publisher:
Sciencia Scripts
is a trademark of
Dodo Books Indian Ocean Ltd. and OmniScriptum S.R.L publishing group

120 High Road, East Finchley, London, N2 9ED, United Kingdom
Str. Armeneasca 28/1, office 1, Chisinau MD-2012, Republic of Moldova, Europe
Printed at: see last page
ISBN: 978-620-7-90754-0

ANÁLISE COMPARATIVA DAS PROPRIEDADES ANTIOXIDANTES DE EXTRACTOS DE FARELO DE ARROZ: UM ESTUDO DE ORYZA SALIVA L.CV. JYOTHI E ORYZA SALIVA L.CV. RAKTHASALI

SRA. MARY ANGEL JACSON SRA. RESHMA K

ABREVIATURAS

L.cv.	:	Carl Linnaeus & cultivar
Cm	:	Centimeter
μg	:	Microgram
ml	:	Millilitre
%	:	Percentage
&	:	And
DPPH	:	2,2-Diphenyl-1-picryl hydrasyl radical
>	:	Greater than
μL	:	Microlitre
mg	:	Milligram
g	:	Gram
h	:	Hour
W	:	Watts
min	:	Minutes
IC_{50}	:	Inhibitory concentration-half-maximal
QE	:	Quercetin-Equivalent
GAE	:	Gallic Acid-Equivalent
TLC	:	Thin Layer Chromatography
Rf	:	Retention factor
TPC	:	Total Phenolic Content
TFC	:	Total Flavonoid Content
RSA	:	Radical Scavenging Activity
OD	:	Optical Density
UV	:	Ultra Violet
rpm	:	revolutions per minute
°C	:	Degree celcius
pH	:	Potential of Hydrogen
M	:	Molar
nm	:	Nanometer
Fig.	:	Figure

ÍNDICE

RESUMO

As plantas são uma fonte primária de compostos biologicamente activos, com propriedades antioxidantes e a capacidade de eliminar os radicais livres, com potencial terapêutico para doenças relacionadas com os radicais livres. O consumo de arroz pigmentado como alimento básico está a aumentar devido aos seus benefícios para a saúde e ao seu papel como ingredientes alimentares funcionais. A antocianina, um composto fenólico, está localizada principalmente nas camadas de farelo do grão de arroz. A utilização de farelo em produtos alimentares, particularmente para criar alimentos funcionais, está a tornar-se mais prevalente. Esta revisão enfatiza os compostos bioactivos significativos encontrados nas variedades de arroz pigmentado, destacando o seu potencial como ingredientes medicinais e nutracêuticos.O farelo de arroz é um subproduto importante do processo de moagem do arroz. Este estudo centra-se na avaliação da potencial atividade antioxidante do farelo de arroz das variedades Jyothi e Rakthasali, utilizando metanol para extração. A atividade antioxidante foi avaliada através de vários métodos experimentais. O extrato metanólico do farelo de arroz das variedades Jyothi e Rakthasali apresentou um teor total de fenólicos e flavonóides de 83 mg e 94 mg de equivalente de ácido gálico (GAE)/g de farelo e 37,5 mg e 35 mg de equivalente de quercetina (QE)/g de farelo, respetivamente. Também têm uma atividade de eliminação de radicais livres DPPH (ensaio 1,1-Difenil-2-Picril-Hidrazil) ou % de inibição na gama de 18,49 e 6,45 %, alcançada a uma concentração de 200 µg/µL, e o poder redutor total estava na gama de 158,82 e 150 %, respetivamente, nos extractos metanólicos de farelo de arroz Jyothi e Rakthasali. A análise TLC revela a presença do composto flavonoide quercetina no farelo de arroz Rakthasali, que também tem um teor fenólico mais elevado em comparação com o Jyothi. Estes resultados sugerem que os extractos metanólicos de farelo de arroz podem servir como antioxidantes naturais. Os fitoquímicos, os compostos biologicamente activos do farelo de arroz, podem doar hidrogénio aos radicais livres, neutralizando-os e actuando como antioxidantes naturais. Um antioxidante é qualquer substância que, em baixas concentrações relativamente a um substrato oxidável, atrasa ou inibe significativamente a oxidação. Esta informação pode ser altamente benéfica para a indústria alimentar funcional e para o avanço da investigação em produtos medicinais.

Palavras-chave: Jyothi, Rakthasali, Antioxidante, Ensaio DPPH, Metanol

INTRODUÇÃO

As plantas são uma fonte importante de antioxidantes naturais, que são mais seguros do que os antioxidantes sintéticos (Yanishlieva et al., 2006). Os compostos bioactivos que ocorrem naturalmente têm atividade citotóxica contra diferentes tipos de células cancerígenas (Miranda et al., 1999). Estes compostos são designados por metabolitos secundários, que possuem propriedades antimicrobianas, antifúngicas, antivirais e anti-inflamatórias, bem como propriedades antioxidantes (Ignat et al., 2011). Os ácidos fenólicos, os flavonóides e os polifenóis são compostos antioxidantes que se encontram nas plantas e que têm múltiplas actividades biológicas (Brown e Rice-Evans, 1998). As propriedades redox dos compostos fenólicos permitem-lhes atuar como agentes redutores, dadores de hidrogénio e supressores de oxigénio singlete com potencial de quelação de metais (Gallo et al., 2010).

O arroz (Oryza sativa L.) pertence à família Poaceae e tem muitas utilizações medicinais, sendo uma das culturas de base mais importantes do mundo e uma parte importante da dieta de mais de metade da população mundial. Em geral, as principais partes comestíveis do arroz são o grão, o arroz descascado e o farelo de arroz. O arroz é o cereal tropical mais cultivado e, todos os anos, são produzidas mais de 400 milhões de toneladas de arroz branqueado. Na Índia, era outrora conhecido como "Dhaanya", que significa "o sustentáculo da raça humana". A importância do arroz foi reconhecida durante muitos séculos - o arroz é um alimento básico do Sul da Ásia e um grande número de pessoas trabalha no seu cultivo. A produção de arroz tem continuado a aumentar ao longo do tempo, de acordo com a Organização para a Alimentação e a Agricultura (Gennari et al., 2019).

O arroz vermelho é uma variedade especial de arroz e não é descascado ou é parcialmente descascado, e tem uma casca vermelha, ao contrário do arroz castanho mais comum. Devido à presença de um componente chamado antocianina, o arroz vermelho obtém a sua cor vistosa e tem muito mais valor nutritivo do que outras variedades de arroz polido. As antocianinas são pigmentos coloridos solúveis em água, responsáveis pelas cores - vermelho, púrpura e azul - dos frutos, cereais e legumes. Ajuda a regular o nível de insulina e o seu baixo índice glicémico ajuda a controlar o nível de açúcar e é bom para os doentes diabéticos (Rusty C. Bautista e Paul Allen Counce, 2020).

Os fitoquímicos são compostos alelopáticos produzidos pelas plantas contra agentes patogénicos e herbívoros como função de defesa e proteção (Hadacek F., 2002). Os fitoquímicos têm uma atividade antioxidante e anticancerígena que funciona através de vários mecanismos, como a alternância da expressão genética, a modulação da via de sinalização celular e a reparação do ADN (Seeram N. P., 2008). As alterações provocadas pelos radicais livres levam à ativação de oncogenes e à inativação do gene supressor de tumores, podendo formar-se cancro (Gupta A. & Gupta R., 1997). O ácido fenólico é um antioxidante que protege as células do stress oxidativo, eliminando os radicais livres de oxigénio (Russo et al., 2000).

O arroz desempenha um papel importante no fornecimento de energia e nutrientes para a vida humana. Para além dos macronutrientes, contém compostos com atividade antioxidante, como ácidos fenólicos, flavonóides, antocianinas, proantocianidinas, tocoferóis, tocotrienóis, y-oryzanol e ácido fítico. As actividades anti-inflamatórias, anticancerígenas e antidiabéticas são os principais efeitos biológicos do arroz (C. Priyanthi e R. Sivakanesan, 2021).

O género Oryza sativa L.cv. Jyothy é uma variedade de arroz herbáceo, vulgarmente conhecido por arroz vadi, cultivado sobretudo nos campos de Palakkad e Kuttanad com arroz matta longo. Esta variedade de arroz Palakaddan Matta, com elevado teor de farelo e de fibras, é cultivada de forma natural, adoptando a metodologia agrícola popular. Por não ser polido, este arroz é uma fonte rica de fibras e nutrientes essenciais. É também uma excelente fonte de hidratos de carbono complexos, que dão um impulso energético instantâneo no consumo diário. A parboilização em recipientes de cobre com lenha ajuda a reter o seu valor nutricional. O arroz Jyothi tem baixo teor de gordura (favorável ao coração, aos diabéticos e à perda de peso) e é enriquecido com vitamina B, ferro e magnésio, sendo adequado para os adeptos da boa forma física.

Oryza sativa L. cv. Rakthasali com casca e grão vermelhos é uma variedade rara de arroz vermelho da Índia, frequentemente mencionada na Ayurveda e no Hinduísmo. Esta variedade específica de arroz vermelho está quase extinta no nosso país. É conhecida por possuir a maior quantidade de propriedades medicinais, todas mencionadas nos livros da Ayurveda. Como se sabe pela literatura antiga, esta variedade de arroz remonta a quase 3000 anos e é também conhecida por ser utilizada para retardar o envelhecimento. No entanto, esta propriedade do arroz ainda não foi provada cientificamente. É também conhecido por muitos outros nomes como Red Sali, rakthashali, etc. Os benefícios medicinais ou para a saúde desta variedade de arroz são conhecidos pelo facto de possuir uma elevada quantidade de antioxidantes e vários outros minerais. De acordo com os praticantes de ayurveda, esta variedade de arroz tem a capacidade de curar todas as doenças do corpo humano causadas por desequilíbrios. É também considerada pouco económica em comparação com as variedades de arroz de elevado rendimento. "Raktha" significa sangue em sânscrito, o que sugere que o arroz tem propriedades que melhoram o sangue. O principal componente do grão é a camada vermelha do farelo, que é uma fonte rica em ferro e antocianina, um fitoquímico antioxidante que o torna um ótimo complemento para a dieta de quem sofre de anemia. O Rakthashali, altamente valorizado e frequentemente prescrito pelos médicos pela sua aplicabilidade medicinal e funcional em várias doenças, devido à sua riqueza em micronutrientes, especificamente vitamina B6, ferro e zinco - minerais cruciais para combater o novo Coronavírus. Na Ayurveda, acredita-se que tem o poder de restabelecer o equilíbrio dos Tridoshas - Vatha, Pitha e Kafa, ou seja, mantém o equilíbrio do organismo. Mencionado em manuscritos antigos da Ayurveda pelo seu poder de tratar doenças como alergias, disfunção hepática ou renal, distúrbios nervosos, doenças gastrointestinais e até mesmo cancro. Esta espécie única de arroz vermelho provou ter uma caraterística de resiliência depois de ter resistido recentemente a três semanas de inundações em agosto de 2020. Este facto suscitou o interesse de ambientalistas e peritos agrícolas. Estão em curso vários estudos e investigações sobre esta espécie única de arroz vermelho de farelo para verificar a sua tolerância às inundações.

O consumo de arroz pigmentado é conhecido por nutrir o Yin (na medicina tradicional chinesa, o yin é a nossa energia restauradora que permite ao nosso corpo e mente abrandar, descansar e relaxar. Isto contrasta com o "yang", que é a nossa energia ardente e orientada para a ação) com as qualidades de reforço da função renal, tratamento da anemia, promoção da circulação sanguínea, remoção da estase sanguínea, melhoria do fluxo sanguíneo e da detumescência, tratamento da diabetes e melhoria da visão, na medicina tradicional chinesa (Deng et al., 2013). Também se verificou que o farelo de arroz contém um teor fenólico mais elevado do que o do farelo de trigo (Lai et al.,2009). Estes compostos fenólicos e conteúdos de flavonóides com potencial capacidade antioxidante encontram-se sobretudo no arroz pigmentado e estes fitoquímicos também actuam como quelantes de iões metálicos, eliminadores de radicais livres e agentes redutores (Deng et al.,2013). Pode ser um mecanismo que garante aos cereais integrais os seus efeitos protectores. Numa quantidade significativa, os compostos fenólicos insolúveis que estão maioritariamente ligados a polissacáridos na parede celular dos grãos de arroz contêm compostos fenólicos livres únicos e os seus glicosídeos. Estes compostos perdem-se com a separação do revestimento da semente durante o processamento e concentram-se principalmente nas camadas de farelo. (Hudson et al.,2000).

O farelo de arroz é a camada exterior dura e rica em nutrientes do grão de cereal de arroz, com potenciais actividades antioxidantes, quelantes de ferro, quimiopreventivas, anticolesterol e anti-inflamatórias. Os efeitos sinérgicos destes fitoquímicos na sua capacidade de induzir a apoptose, inibir a proliferação celular e alterar a progressão do ciclo celular nas células cancerígenas são as principais razões para a potencial atividade anticancerígena do farelo de arroz. Os componentes bioactivos do farelo de arroz também protegem contra danos nos tecidos, eliminando os radicais livres e bloqueando as respostas inflamatórias crónicas (Farhan Mohiuddin Bhat et al., 2020). O farelo de arroz é um dos co-produtos mais abundantes na indústria de moagem de arroz para alimentação animal e a sua utilização como alimento humano tem sido subutilizada. No entanto, o conhecimento em fitoquímica aconselha que esta matéria-prima é uma excelente fonte de vitaminas, minerais, ácidos gordos essenciais, fibra alimentar e outros esteróis (Gul et al.,2015); portanto, o farelo de arroz poderia ser reconhecido como uma fonte valiosa para a formulação de uma gama diversificada de produtos alimentares funcionais e nutracêuticos.

A literatura revelou que o farelo de cultivares de arroz vermelho apresenta uma atividade antioxidante e um teor de fenólicos mais elevados do que o farelo de variedades de arroz não pigmentado (Saura-Calixto et al., 2007). Foi revelado que os extractos de arroz pigmentado reduzem eficazmente a inflamação e as lesões ateroscleróticas, bem como o stress oxidativo e estimulam o crescimento do cabelo (Saenkod C., 2013). Hegde et al. no ano de 2013, acrescentou vários benefícios terapêuticos do farelo de arroz pigmentado, incluindo a sua influência no tratamento de várias doenças, como diarreia, hemorragia de queimaduras, dor no peito, vómitos, febre e feridas. O arroz também é recomendado para pacientes que sofrem de síndrome do intestino irritável devido às suas propriedades menos alérgicas. O orizanol presente no farelo de arroz inibe a peroxidação lipídica induzida pela luz UV, pelo que pode ser utilizado em cosméticos como agente de proteção solar e como remédio para a hiperpigmentação e as rugas.

As propriedades antioxidantes dos fenólicos foram relatadas em estudos epidemiológicos para prevenir doenças cardiovasculares e nervosas e como anti-carcinogénicas (Shahidi F. & Ambigaipalan P., 2015). Além disso, foi referido que o teor de zinco e ferro no arroz vermelho é 2-3 vezes superior ao do arroz branco (Saxena A., 2014). O farelo de arroz contém um complexo único de compostos antioxidantes naturais que têm a capacidade de melhorar a estabilidade de armazenamento dos produtos alimentares que contêm farelo na sua formulação, bem como os seus declarados benefícios para a saúde. Foi relatado que o farelo de arroz pode conter até 100 antioxidantes diferentes que estão a ser descobertos. Os mais poderosos entre estes são os orizanóis, tocotrienóis e tocoferóis (Goufo P, & Trindade H., 2014).

Devido ao grande poder antioxidante dos compostos fenólicos presentes nestas variedades de arroz, tem sido demonstrado um grande interesse entre o consumo de arroz pigmentado (com farelo) e a melhoria da saúde humana (Yawadio et al.,2007). O seu conteúdo no arroz é controlado por factores genéticos e pode estar relacionado com a cor, tamanho e peso do grão (Shao et al.,2014). Os benefícios para a saúde dos flavonóides encontrados no farelo de arroz pigmentado são geralmente associados a duas propriedades, incluindo (i) aldose redutase catalisa a redução dependente de NADPH de vários compostos carbonílicos derivados de açúcar em seus respectivos álcoois de açúcar (por exemplo, sorbitol), que atuam no desenvolvimento de complicações diabéticas como retinopatia e neuropatia e (ii) inibição de certas enzimas como xantina oxidase, aldose redutase (Narayanaswamy et al.,2017). Estas cultivares de arroz com actividades antioxidantes mais elevadas podem também ser utilizadas por criadores de plantas no desenvolvimento de novas variedades híbridas de arroz (Nam S.H. et al., 2006). O isolamento e a identificação de compostos bioactivos a partir do extrato bruto da amostra são utilizados para o desenvolvimento de terapêuticas com novos mecanismos de ação e para tratar diferentes doenças humanas (Lee M. J. et al., 2000). Os produtos vegetais naturais foram utilizados para fins medicinais e têm potencial para o desenvolvimento de medicamentos anticancerígenos (Chen et al., 1987). A amostra é purificada com diferentes solventes de várias polaridades e caracterizada quimicamente por experiências espectroscópicas (Arun Jyothi B et al., 2011). A descoberta da pencilina por Alexander Flaming em 1929 a partir de Pencillium notatum tem um grande impacto na investigação de fontes naturais de agentes bioactivos (Bennett et al., 2001). Os principais factores que afectam a extração do composto são o solvente, a temperatura, as propriedades da matriz das partes da planta e o tempo (Hernandez et al., 2009). O radical livre é um átomo ou molécula extremamente reativo que possui um eletrão desemparelhado e é capaz de se envolver numa rápida reação em cadeia que desestabiliza outras moléculas e gera muitos mais radicais livres. Estes radicais livres são desactivados por antioxidantes nas plantas e nos animais. Estes antioxidantes, mesmo em concentrações relativamente pequenas, podem atuar como inibidores do processo de oxidação e, por isso, têm diversos papéis fisiológicos no organismo. O organismo está constantemente exposto aos efeitos letais e negativos dos oxidantes durante os processos fisiológicos normais. Como resultado das reacções metabólicas nos sistemas vivos, os radicais livres nocivos, como o hidroxilo, o peroxilo e o anião superóxido, estão constantemente a ser produzidos. Diariamente, até 5% do oxigénio inalado pode ser convertido em espécies reactivas de oxigénio (ROS). Estas ERO têm sido implicadas numa série de processos patológicos, como o envelhecimento, a inflamação, a reoxigenação de tecidos isquémicos, a aterosclerose, o cancro e até a doença de Parkinson nos homens, e têm a capacidade de se ligar a estruturas celulares (David H. et al., 2003). A oxidação é um processo essencial para a produção de energia. A atividade de eliminação de radicais livres foi determinada utilizando a redução do catião radical (Re et al., 1999). Através do ambiente, os radicais livres são adquiridos, como o fumo do cigarro, a radiação ultravioleta e outras combustões, e o corpo também produz radicais livres durante o processo normal de decomposição dos alimentos (Tsang et al., 2009). Os trabalhos de investigação indicam que os radicais livres danificam o ADN, as proteínas ou os lípidos, pelo que os antioxidantes que eliminam os radicais têm grande importância na proteção das células contra as lesões causadas pelos radicais livres (Youwei et al., 2008). Os radicais livres são a principal causa de muitas doenças crónicas e degenerativas, como a cegueira, a diabetes mellitus, as doenças coronárias, o cancro, a malária, a arteriosclerose, as úlceras gástricas e a SIDA (síndrome da imunodeficiência adquirida) (Hertog et al., 1993). É importante desenvolver e utilizar antioxidantes para defender o corpo humano dos radicais livres (Sing et al., 2004). Os compostos polifenólicos derivados de plantas, as vitaminas e os flavonóides foram amplamente referidos como eliminadores de radicais livres e inibidores da peroxidação lipídica (Tapiero et al., 2002). Por este motivo, é importante determinar a propriedade antioxidante das plantas que são utilizadas como fitoterapia e o seu mecanismo de ação farmacológica (Abdul-Lateef Molan, 2017).

Os fenólicos das plantas são a principal fonte de antioxidantes, que incluem todas as partes das plantas, como frutos, legumes, nozes, sementes, folhas, raízes e cascas (Pratt D. E., & Hudson, B. J., 1990). Os antioxidantes podem proteger e prevenir o corpo humano contra os radicais livres, o efeito das ROS e reduzir a progressão de doenças crónicas e o ranço da oxidação lipídica nos alimentos (Jefferson et al., 2020). Os radicais livres têm uma elevada reatividade, pelo que têm uma vida curta e são classificados em três categorias: radicais di, radicais estáveis e radicais persistentes (Oakley et al., 1988). Quando consumido como arroz integral, a grande diversidade dos compostos fenólicos presentes na porção de farelo das cultivares de arroz integral implica os seus potenciais efeitos benéficos. A maioria dos compostos fenólicos também se perde com o processamento do arroz como farelo. (Kushwaha et al.,2016). Tem sido demonstrado um maior interesse em farelos de arroz pigmentados, e estas cultivares de arroz são altamente valorizadas nos mercados locais recentemente devido aos polifenóis presentes neste arroz que têm múltiplas actividades biológicas. Devido à sua capacidade de doar átomos de hidrogénio, os fenólicos actuam como agentes redutores. Os fenólicos também actuam como doadores de hidrogénio de radicais livres e supressores de oxigénio singlete e, devido a estas propriedades, protegem os constituintes celulares contra danos oxidativos (Sommano et al.,2013).

Por conseguinte, é importante determinar a atividade antioxidante das plantas que são tradicionalmente utilizadas como fitoterapia e descobrir a sua ação farmacológica (Abdul-Lateef Molan, 2017). Ao avaliar o potencial antioxidante de compostos em extractos de plantas, é importante avaliar técnicas analíticas porque a propriedade antioxidante pode ser alterada com parâmetros físicos e químicos do sistema que é utilizado para caraterização (Zhou L. & Elias R. J., 2013). O tipo e a quantidade de polifenóis produzidos pelas plantas variam consoante a espécie (El Gharras, 2009). Alguns polifenóis com potencial bioatividade têm sido utilizados como agentes terapêuticos para diferentes doenças e promovem a saúde (Skerget et al., 2005).

Estas observações sugerem que as variedades de arroz pigmentado e não polido podem ter efeitos benéficos na dieta humana. O consumo de arroz pigmentado é considerado bom para melhorar a visão, melhorar a voz, melhorar o sémen, diurético, espermatófito, refrigerante, cosmético, tónico e antitóxico e também para o tratamento de febres e úlceras (Zhang et al., 2013). Em coelhos, verificou-se que estas variedades de arroz reduzem a placa aterosclerótica em mais 50% do que o arroz branco (Ling et al., 2001). Os ensaios clínicos realizados nos EUA forneceram uma nova abordagem baseada em alimentos para reduzir o colesterol, concluindo que a levedura de arroz vermelho reduz o colesterol e os triglicéridos totais (Heber et al.,1999). Tem também efeitos de eliminação de radicais e estimula a secreção de proteínas (Oki et al.,2002).

Os produtos naturais proporcionam uma vasta gama de descobertas de novos medicamentos a partir de extractos de plantas, tais como compostos puros ou extractos normalizados (Cosa et al., 2006). Hoje em dia, o conhecimento tradicional sobre o potencial terapêutico das plantas é utilizado em muitos ramos da ciência e conduz muitas investigações extensivas sobre compostos biologicamente activos de plantas (Sampietro et al., 2013). O antioxidante sintético tem o potencial de causar riscos para a saúde e o composto artificial com propriedade antioxidante tem potencial cancerígeno (Jayaprakasha et al., 2003). Devido aos riscos do consumo de antioxidantes sintéticos, aumentaram os estudos de investigação sobre produtos naturais com atividade antioxidante, com o objetivo de aplicar associações que reduzam o efeito tóxico ou os substituam (Aungulu et al., 2007). O interesse crescente na exploração de antioxidantes naturais eficazes e económicos em comparação com os antioxidantes sintéticos. A possível toxicidade dos antioxidantes sintéticos é avaliada; por conseguinte, a investigação sobre antioxidantes naturais de origem vegetal está a aumentar consideravelmente

(Jayaprakash et al., 2000). Com base na solubilidade, os antioxidantes são agrupados em antioxidantes hidrofílicos e antioxidantes hidrofóbicos, que são solúveis em água e lípidos, respetivamente (Panchawat et al., 2010).

Com base na sua funcionalidade, o farelo de arroz fermentado pode ser utilizado para a preparação de diferentes alimentos. Esta poderia ser a chave para a disponibilidade de compostos bioactivos (Melissa dos Santos et al.,2012). Os antioxidantes sintéticos utilizados na indústria alimentar são muito eficazes, baratos e estáveis, mas apresentam certas desvantagens, como os efeitos toxicológicos (Kiritsakis et al., 2010). Por conseguinte, as recuperações de antioxidantes a partir de fontes naturais são objeto de grande atenção e a sua utilização está a aumentar (Moure et al., 2001). O ensaio mais comum utilizado para a avaliação de antioxidantes é efectuado com antioxidantes como sequestradores de radicais ou agentes redutores (Wolfe et al., 2007). Devido à inibição do proteassoma, os flavonóides possuem atividade anticancerígena (Liu et al., 2008). O ensaio DPPH (hidrato de 2,2-difenil-2picril-hidrazil) é um ensaio anticancerígeno in vivo que é utilizado principalmente para determinar o potencial antioxidante do extrato e da fração de plantas (Hamilton et al., 2001).

O presente estudo tem por objetivo comparar a atividade antioxidante dos extractos metanólicos de duas cultivares de arroz de Kerala, Jyothi e Rakthasali.

OBJECTIVOS E METAS

- ▶ O presente estudo tem por objetivo avaliar e comparar a potencial atividade antioxidante dos extractos metanólicos do farelo de arroz de Oryza sativa L.cv. Jyothi e Oryza sativa L.cv. Rakthasali
- ▶ Comparar o teor de fenólicos nos extractos de farelo de arroz
- ▶ Comparar o teor de flavonóides dos dois extractos de farelo de arroz.
- ▶ Avaliar o poder redutor dos dois extractos de farelo de arroz.
- ▶ Comparar a atividade de eliminação do radical DPPH dos dois extractos de farelo de arroz.
- ▶ Determinar os compostos flavonóides nos extractos de farelo de arroz por cromatografia em camada fina.

REVISÃO DA LITERATURA

Oryza sativa é a espécie vegetal mais comummente designada por arroz e vulgarmente conhecida por arroz asiático. Foi domesticada pela primeira vez na bacia do rio Yangtze, na China, há 13 500 a 8 200 anos, e é o tipo de arroz cultivado cujas cultivares são mais comuns a nível mundial. Oryza sativa é uma gramínea e um organismo modelo para a botânica dos cereais e é conhecido por ser fácil de modificar geneticamente. (Harris & David R., 1996).

As plantas são ricas em antioxidantes, que podem controlar o stress oxidativo e são uma boa fonte natural de atividade antioxidante e antimicrobiana, observada principalmente em vários vegetais, frutos, raízes, folhas e sementes (Sokmen et al., 1999). Os extractos de plantas são os produtos naturais utilizados para a descoberta de novos agentes terapêuticos (Cosa et al., 2006). O arroz é a cultura alimentar humana mais importante do mundo, alimentando diretamente mais pessoas do que qualquer outra cultura. Os benefícios do arroz incluem a sua capacidade de fornecer energia rápida e instantânea e é uma excelente fonte de hidratos de carbono complexos, nutrientes, vitamina B e minerais, folato, ferro e magnésio. O arroz tem sido cultivado desde a antiguidade e oryza é uma palavra latina clássica para arroz e Sativa significa "cultivado" (Vaughan et al., 2008). O estado de Kerala é um dos mais importantes repositórios de biodiversidade de arroz no país, com variedades tradicionais predominantemente cultivadas em 2000.

Devido ao custo crescente do desenvolvimento de medicamentos, as plantas são utilizadas como fonte alternativa de medicamentos mais económica e mais acessível (Ibrahim Syed Rizvi & Kanti Bhooshan Pandey, 2009). As plantas são o reservatório de compostos químicos biopotenciais que são utilizados como medicamentos (Arun Jyothi B et al., 2011). Os antioxidantes são os produtos vegetais mais importantes que podem atuar como agentes anticancerígenos (Shimizu et al., 2013).

O Rakthasali é um arroz vermelho claro. Os medicamentos antigos e ayurvédicos referem os valores curativos do Rakthasali. Diz-se que a semente de arroz Rakthasali mencionada no Charaka Samhita tem 3000 anos e é a melhor para curar muitas doenças. As suas propriedades nutricionais e o seu valor medicinal são considerados bons para os cuidados de saúde e a beleza. Diz-se também que é benéfico para as mães que estão a amamentar. Contém oito aminoácidos, antioxidantes e muitos minerais. O Indian Journal of Traditional Knowledge publicado em julho de 2013 descreveu os estudos sobre Rakthasali. A aclimatação de plantas de arroz (Oryza sativa L. cv Jyothi) a diferentes condições de luz tem uma profunda influência na estrutura e função do aparelho fotossintético (Janet Vaz e Prabhat Kumar Sharma, 2009). Num estudo, o QTL Sub1 para a tolerância à submersão foi introduzido na variedade de arroz mais popular de Kerala, Jyothi, a partir do progenitor dador Swarna-Sub1, utilizando o método de retrocruzamento assistido por marcadores. (Deepa John & K.S. Shylaraj, 2017). "O polimento deve ser reduzido ao mínimo durante a moagem, e o farelo rico em antioxidantes destas variedades de arroz especiais resultantes da moagem pode ser utilizado na preparação de snacks saudáveis, tais como biscoitos, alimentos para bebés e pães", salientou o Dr. K S Shylaraj, que liderou o estudo, enquanto falava à India Science Wire. Os resultados do estudo foram publicados na revista Current Science .

Foi estudada a caraterização do potencial antioxidante e antiproliferativo do farelo de arroz extraído de uma importante variedade de arroz indiano, Njavara, para o comparar com duas variedades de arroz basmati disponíveis no mercado: Vasumathi, Yamini e uma variedade não medicinal, Jyothi. O extrato metanólico de farelo de arroz de Njavara apresentou as propriedades antioxidantes e citotóxicas celulares mais elevadas em comparação com as outras três variedades de arroz. Os valores IC50 (DPPH) da variedade Jyothi foram de 48,88 µg/ml. O TPC mais elevado foi observado em Njavara seguido de Jyothi. O conteúdo total de fenólicos e flavonóides foi de 9,44 ± 0,2 mg de equivalente de ácido gálico (GAE)/g de farelo e 5,33 ± 0,072 mg de equivalente de quercetina (QEE)/g de farelo, respetivamente, na variedade Jyothi. 0,5 mg/ml do extrato metanólico de farelo de arroz apresentou um valor de absorvância de poder redutor de 1,93 em Jyothi (Rao AS et al., 2010). O farelo de arroz é um dos co-produtos mais importantes da moagem do arroz. Nesta investigação, foi avaliada a atividade antioxidante de duas variedades iranianas de farelo de arroz, Fajr e Tarem, extraídas por três solventes diferentes (metanol, etanol e acetato de etilo). A ordem da atividade antioxidante foi avaliada através da medição do teor de fenólicos totais, da atividade antioxidante no sistema do ácido linoleico, do poder redutor e da capacidade de eliminação do radical DPPH. Estes resultados indicaram que os componentes metanólicos dos extractos de farelo de arroz podem ser potencialmente antioxidantes naturais (F. Arab et al., 2011).Um trabalho visa a caraterização dos ácidos fenólicos e do óleo de farelo de arroz (RBO) de Njavara, uma variedade de arroz vermelho medicinal e outras variedades de arroz. As actividades antioxidantes dos polifenóis do arroz foram também estudadas através do ensaio de eliminação de radicais, do poder redutor e da peroxidação lipídica microssomal. As variedades de arroz pigmentado (Njavara e Jyothi) apresentaram actividades antioxidantes mais elevadas do que a variedade não pigmentada (IR 64). A composição em orizanol de Njavara foi semelhante à de Jyothi e IR 64. (G. Deepa et al., 2012).

O estudo mostra que as dez cultivares de arroz medicinal recolhidas nos estados do Sul da Índia possuem um teor fitoquímico, anti-oxidante e de nutrientes que é igual ou superior ao do Njavara. Chennellu apresentou o teor mais elevado de hidratos de carbono (74,5±2,65%). A partir da análise fitoquímica, a Kullakar apresentou o teor mais elevado de flavonóides (176±6,12 μg/mL), enquanto a Njavara yellow apresentou o teor mais elevado de fenóis (152±3,80 μg/mL) (Isaac et al., 2012).

Foram investigadas as actividades antioxidantes e os compostos fenólicos do arroz pigmentado (arroz preto, vermelho e verde) e dos farelos de arroz castanho. A atividade antioxidante foi determinada utilizando o ensaio do radical 2,2- difenil-1-picrilhidrazil (DPPH), o poder redutor e os compostos fenólicos foram medidos utilizando HPLC. Os principais ácidos fenólicos do farelo de arroz vermelho foram os ácidos ferúlico, vanílico e p-cumárico. Os resultados indicaram que o farelo de arroz pigmentado pode ser utilizado como um antioxidante natural (Jun HI et al., 2012). Um estudo mostra que as dez cultivares de arroz medicinal (Oryza Sativa L.) colhidas nos estados do sul da Índia possuem fitoquímicos, antioxidantes e teor de nutrientes que são iguais ou superiores aos do Njavara (Isaac et al., 2012).

A identificação sistemática e a caraterização estrutural dos flavonóides e dos seus glicosídeos em extractos de farelo de sete variedades de arroz preto tailandês foram realizadas através de utilizações sequenciais de HPLC de fase inversa. Foram detectados onze flavonóides, seis dos quais foram encontrados pela primeira vez no farelo de arroz. Os resultados quantitativos revelaram que os flavonóides das diferentes variedades de arroz se encontravam em diferentes concentrações. O derivado glicosídico mais abundante dos flavonóides amplamente distribuído entre as variedades de arroz era o monoglucósido, como a quercetina-3-O-glucósido e a isorhamnetina-3-O-glucósido (Sriseadka T et al., 2012).

O arroz vermelho Rakthashali (com casca e grão vermelhos) é o alimento básico nativo dos distritos de Kasaragod (Kerala) e Dakshina Kannada (Karnataka). Foi realizado um estudo para determinar a aplicabilidade do arroz vermelho como alimento funcional, especialmente na promoção da lactação, recolhendo e documentando informações dos profissionais tradicionais e qualificados sobre a utilização do arroz vermelho em vários medicamentos e terapias. O arroz vermelho foi considerado benéfico para a saúde em termos da sua aplicabilidade em vários medicamentos, como alergias, doenças de pele, problemas relacionados com o útero, perturbações nervosas, problemas gastrointestinais, perturbações hepáticas e renais, febre, infecções, o seu significado nutricional e a promoção da lactação (Hegde et al., 2013).

As moléculas com atividade antioxidante contidas no arroz incluem ácidos fenólicos, flavonóides, antocianinas, proantocianidinas, tocoferóis, tocotrienóis, ácido fítico e y-oryzanol. É evidente que o arroz deve ser consumido preferencialmente sob a forma de farelo ou de grão inteiro para maximizar a ingestão de compostos antioxidantes. No que respeita ao melhoramento genético, verificou-se que as variedades de arroz japonica são mais ricas em compostos antioxidantes do que as variedades de arroz indica. No geral, as frações do grão de arroz parecem ser fontes ricas em compostos antioxidantes (Goufo P, Trindade H. 2014). Um estudo desenvolve um método rápido usando espetroscopia de infravermelho próximo (NIR) para analisar a atividade antioxidante do arroz integral como conteúdo total de fenol (TPC) e atividade de eliminação de radicais por DPPH (2,2-difenil-2-picril-hidrazil) expresso como equivalente de ácido gálico (GAE).(Xianshu Fu et al.,2015). Foi investigado o efeito da endo-xilanase, da celulase e da sua combinação nas propriedades microestruturais, nutracêuticas e antioxidantes do farelo de arroz pigmentado (Jyothi) e não pigmentado (IR64). A combinação de ambas as enzimas resultou num aumento percentual mais elevado dos componentes bioactivos e das propriedades. (Como um dos principais conteúdos, os grãos de arroz contêm muitos componentes bioactivos, que são o grupo de substâncias com propriedades benéficas para a saúde que são produzidas como metabolitos secundários durante o enchimento do grão. Os flavonóides do arroz incluem a tricina, a luteolina, a apigenina, a quercetina, a isorhamnetina, o kaempferol e a miricetina, que têm benefícios para a saúde humana. Este composto ilustra a prevenção de doenças humanas como o cancro e as doenças cardiovasculares e possui também muitas propriedades como a atividade antioxidante, anticancerígena, anti-inflamatória e de redução do colesterol. (O conteúdo fitoquímico e a atividade antioxidante de oito variedades de arroz integral (BR) são relatados. O conteúdo fenólico total de BR variou de 72,45 a 120,13mg de ácido gálico equiv./100g. e o conteúdo total de flavonóides de BR variou de 75,90 a 112,03mg de catequina equiv./100g. (O arroz transformado é deficiente em muitos minerais, como o potássio (mantém a pressão arterial), o manganês (necessário para vários processos químicos no corpo), o fósforo (para ossos fortes e saúde dentária) e o enxofre (principais constituintes das proteínas no nosso corpo). Verificou-se que o arroz Pokkali tem todas as qualidades desejadas, incluindo valores nutricionais, em termos de teor de fibras e proteínas, antioxidantes com benefícios da vitamina E, e minerais como o ferro, o boro e o enxofre. Variedades de arroz Jyothi, Jaya, Uma, Pokkali na primeira linha de valor nutricional (Monika Kundu Srivastava, 2018).

Estudos têm sugerido que o arroz integral está associado a um amplo espetro de implicações nutrigenómicas, como antidiabético, anticolesterol, antioxidante e cardioprotector. Isso se deve à presença de vários fitoquímicos (ácido gálico e quercetina) que estão localizados principalmente nas camadas de farelo de arroz integral (Ravichanthiran K et al., 2018).

O efeito da parboilização simples nas propriedades físicas, composição proximal, compostos fenólicos e atividade antioxidante foi estudado em variedades de arroz cru e parboilizado, bem como a bioacessibilidade de nutrientes específicos (minerais, amido e antioxidantes). As variedades de arroz pigmentado, como Jyothi, Meter e Athikaraya, foram parboilizadas por tratamento de imersão a quente após imersão durante 2, 2½ e 3 horas. As três variedades apresentaram equivalentes de amilose na gama de 24%-27% (d.b). O arroz Jyothi mostrou mais volume de cozedura e menos tempo de cozedura (Rajarajeswari et al.,2019). O processamento tem impacto na atividade antioxidante, componentes fenólicos da farinha de arroz integral pigmentada e quebrada. A moagem em placa reduziu os polifenóis solúveis, ligados e totais nas variedades vermelhas (Sapna I et al.,2019). O teor fenólico mais elevado e as actividades antioxidantes mostraram no extrato de metanol em comparação com os extractos feitos noutros solventes. A forma descascada das variedades Jyothi, Kamdhari, Black basumati e Sirsi apresentou maior quantidade de componentes fitoquímicos e actividades antioxidantes entre as variedades. O ácido gálico, o ácido ferúlico, a quercetina, o ácido vanílico e a rutina foram identificados nos seus extractos fenólicos livres. Os fenólicos livres do arroz descascado impediram a formação de radicais livres, a quelação de metais férricos para redução ferrosa e também influenciaram o poder redutor (Jayaraman et al.,2019).

Quando comparado com as variedades de arroz branco, o perfil nutricional do arroz de especialidade é elevado. Assim, uma maior atenção às especialidades de arroz e aos seus subprodutos não só conduzirá a um passo em frente no sentido da segurança nutricional do país, como também evitará a sua extinção, uma vez que são abundantes em vitaminas, minerais e polifenóis. O arroz colorido, que normalmente adquire a sua cor devido à deposição de pigmentos de antocianina, ricos em fitoquímicos e antioxidantes, na camada de farelo do grão. O farelo de arroz, um subproduto da indústria de moagem de arroz que é subutilizado, é rico em fibra dietética que encontra aplicação no desenvolvimento de produtos de valor acrescentado e vários outros alimentos funcionais (Rathna Priya T. et al., 2019).

A composição mineral e bioquímica de 13 variedades tradicionais de arroz de Kerala foi estudada em comparação com duas variedades populares de elevado rendimento cultivadas, nomeadamente, Jyothi e Kanchana. Os resultados mostraram que a variedade tradicional Rakthasali tinha um teor significativamente mais elevado de proteínas brutas (11,79 %), lípidos brutos e fibras alimentares insolúveis, o que a torna nutricionalmente superior entre as variedades testadas. As variedades tradicionais revelaram-se uma boa fonte de nutrientes e, por conseguinte, podem ser utilizadas em futuros programas de melhoramento para o desenvolvimento de variedades de arroz nutricionalmente ricas (Thampi, Hari. 2020). Foi demonstrado o aumento do conteúdo fenólico total, subsequentemente a capacidade antioxidante do farelo de arroz através da fermentação microbiana com bactérias do ácido lático (K Nisa et al.,2019). Verificou-se que os compostos fenólicos consistem em antocianidinas, diferulatos, antocianinas, ácido ferúlico e proantocianidinas poliméricas. arroz pigmentado é considerado como um alimento funcional e ingrediente alimentar em muitos países asiáticos, tendo em conta os vários benefícios para a saúde associados aos ingredientes funcionais, tais como efeitos anti-inflamatórios, antioxidantes e anticancerígenos. A aplicação e incorporação de farelo em produtos alimentares para a preparação de alimentos funcionais está a aumentar. As variedades de arroz pigmentado têm potencial para serem utilizadas como ingredientes medicinais e nutracêuticos devido aos compostos bioactivos significativos nelas presentes. (Farhan Mohiuddin Bhat et al.,2020)

Foram estudadas as propriedades físicas (dureza, cor e perfil de gelatinização), as propriedades químicas (composição proximal, teores totais de fenólicos e flavonóides, capacidade antioxidante) e a digestibilidade in vitro do arroz preto de Solok (SBR), do arroz vermelho de Solok (SRR), do arroz preto de Tangerang (TBR), do arroz vermelho de Cianjur (CRR) e do arroz branco de Cianjur (CWR) cultivados em diferentes zonas da Indonésia. Os resultados revelaram que o arroz cultivado em diferentes zonas apresentava características físicas e composições químicas diferentes. O arroz pigmentado era menos digerível (56,10% a 83,43%) do que o arroz branco (87,35%), de acordo com a análise in vitro da digestibilidade do amido com a-amilase. Verificou-se que um método de cozedura normal habitualmente utilizado na sociedade reduzia significativamente o teor de fenólicos totais, flavonóides e capacidade antioxidante do arroz. (Nancy Dewi Yuliana & Muhamad Arif Akhbar 2020)

Os ácidos fenólicos e os flavonóides são os compostos polifenólicos que se encontram em abundância nos cereais integrais. Os compostos fenólicos ocorrem como substâncias bioactivas amplamente distribuídas nas plantas. No entanto, devido às diferentes quantidades destes compostos, a capacidade antioxidante de cada material é diferente. Os compostos antioxidantes estão associados à redução do risco de doenças crónicas e são reconhecidos como tendo funções protectoras contra os danos oxidativos (C. Priyanthi & R. Sivakanesan, 2021). Num estudo, são analisadas as propriedades antivirais dos flavonóides e os mecanismos moleculares envolvidos. Além disso, a prova deste conceito é dada pela ligação de dez proteínas-chave do SARS-CoV-2 à quercetina. Todas as proteínas-chave interagiram com a quercetina com energias de ligação satisfatórias. O medicamento à base de quercetina terá o potencial de suprimir o nCoV-2019 através de interacções com múltiplas proteínas virais (Saakre M. et al.,2021).

Foi realizado um estudo para comparar as características dos flocos de arroz glutinoso pigmentado e não pigmentado em termos de composição química, ácidos gordos, aminoácidos, fibra alimentar e propriedades antioxidantes. Os flocos de arroz glutinoso (FGR) são fabricados a partir de arroz pré-torrado e depois achatado para formar grãos de arroz glutinoso. Este produto contém uma camada de farelo de arroz e endosperma. Por conseguinte, é rico em compostos bioactivos e nutrientes com propriedades antioxidantes que são benéficas para a saúde. O RGF pigmentado tem maior valor nutricional, propriedades antioxidantes e atividade antioxidante do que o RGF não pigmentado. (Amrinola et al.,2022).

Um estudo avaliou o teor de antioxidantes, flavonóides totais, fenólicos totais, antocianinas, aminoácidos e a quantificação de compostos fenólicos individuais de nove variedades de arroz cultivadas na Coreia, utilizando métodos espectrofotométricos e de HPLC. Esta investigação concluiu que as fracções livres de DM29 (arroz vermelho) tinham a maior capacidade de eliminação de radicais livres de ABTS e DPPH. Em contrapartida, o poder antioxidante redutor férrico mais elevado foi observado na variedade de arroz integral 01708 e a maioria dos compostos fenólicos, como a quercetina, o ácido ferúlico, o ácido p-cumárico, o ácido ascórbico, o ácido cafeico e a genisteína, foram encontrados na amostra DM29. O teor fenólico do arroz varia consoante a sua cor, tendo o arroz vermelho DM29 os teores mais elevados de TPC, TFC e TAC. De acordo com este estudo, as variedades de arroz colorido são ricas em aminoácidos, compostos fenólicos e antioxidantes (Tyagi A. et al., 2022)

MATERIAIS E MÉTODOS

1.1. MATERIAIS

1.1.1. MATERIAL VEGETAL

As duas variedades de arroz cultivadas, Jyothi e Rakthasali, foram colhidas em Irinjalakuda, Kerala. A identificação foi efectuada por um taxonomista.

POSIÇÃO SISTEMÁTICA

Reino : Plantae

Divisão: Angiospermas

Classe: Monocotiledóneas

Encomenda: Poales

Família : Poaceae

Género: Oryza

Espécies: sativa

Oryza saliva L.cv Jyothi

Nomes comuns : Jyothi, arroz vadi, Palakkadan Matta

Descrição botânica : Oryza sativa L.cv Jyothi é uma variedade (long matta) de arroz cultivada principalmente nos campos de palakkad e kuttanad.

Morfologia da planta: O género Oryza sativa L.cv Jyothi é uma variedade de arroz herbáceo, vulgarmente conhecido como arroz vadi, cultivado sobretudo nos campos de Palakkad e Kuttanad com arroz matta longo. Esta variedade de arroz Palakaddan Matta com elevado teor de farelo e de fibras

A cultivar de arroz é cultivada naturalmente adoptando a popular ZBNF

Figura 1. Habitat de Oryza sativa
metodologia de cultivo.L.cv. Jyothi

Por não ser polido, este arroz é uma fonte rica em fibras e nutrientes essenciais. É também uma excelente fonte de hidratos de carbono complexos que dão um impulso energético instantâneo no consumo diário. A parboilização em recipientes de cobre com lenha ajuda a reter o seu valor nutricional. Alto teor de farelo e de fibras, baixo teor de gordura (amigo do coração, dos diabéticos e da perda de peso), enriquecido com vitamina B, ferro e magnésio, adequado para entusiastas da boa forma física.

Oryza saliva L.cv Rakthasali

Nomes comuns : Rakthasali, Arroz vermelho, rakthashali, Sali vermelho

Descrição botânica : O arroz vermelho Rakthashali (com casca e grão vermelhos) é o alimento básico nativo do distrito de Dakshina Kannada (Karnataka) e Kasaragod (Ke rala).

Figura 2. Habitat de Oryza sativa L.cv Rakthasali

Morfologia da planta : O Rakthashali, também conhecido como Red sali, é a variedade mais rara de arroz. Datado de há 3000 anos, é considerado quase extinto. "Raktha" significa sangue em sânscrito, o que sugere que o arroz tem propriedades que melhoram o sangue. O principal componente do grão é o facto de o arroz conservar a sua camada de farelo vermelho, que é uma fonte rica em ferro e antocianina, um fitoquímico antioxidante que o torna um excelente complemento para a dieta de quem sofre de anemia.

O Rakthashali, muito apreciado e frequentemente prescrito pelos médicos pela sua aplicabilidade medicinal e funcional em várias doenças, devido à sua riqueza em micronutrientes, especificamente vitamina B6, ferro e zinco e minerais cruciais para combater o novo Coronavírus. Na Ayurveda, acredita-se que tem o poder de restaurar o equilíbrio dos Tridoshas - Vatha, Pitha e Kafa. Por outras palavras, mantém o equilíbrio no corpo. Foi mencionado em manuscritos antigos da Ayurveda pela sua potência para tratar doenças como alergias, disfunção hepática ou renal, distúrbios nervosos, doenças gastrointestinais e até mesmo cancro.

1.2. MÉTODOS

1.2.1. PREPARAÇÃO DE FARELO DE ARROZ

Os pós de farelo de arroz das amostras foram obtidos por moagem de grãos de arroz num moinho local em Palakkad, seguida de peneiração para separar os restos de grãos do farelo de arroz. A estabilização do farelo de arroz foi efectuada num forno de micro-ondas com 550 W de potência de saída. Cem gramas de cada amostra foram acondicionados num saco de polietileno próprio para micro-ondas e submetidos a aquecimento por micro-ondas num forno pré-aquecido durante 3 minutos a 120 °C, sendo depois arrefecidos à temperatura ambiente durante a noite. Este procedimento foi repetido três vezes para garantir a estabilização. Em seguida, as amostras foram colocadas num frigorífico a 4 °C durante uma semana até serem analisadas. (Akiri et al.,2010)

Figura 3. Farelo de arroz de Oryza sativa L.cv. Jyothi

Figura 4. Farelo de arroz de Oryza sativa L. cv. Rakthasali

1.2.2. EXTRACÇÃO DE ANTIOXIDANTES TOTAIS

Um grama de farelo de arroz estabilizado foi extraído com 25 ml de metanol a 99% (40mg/ml) à temperatura ambiente durante 2,5 h num agitador elétrico a 100 rpm. O resíduo foi re-extraído duas vezes e filtrado com papel de filtro Whatman n.º 1. Duas amostras de farelo de arroz de Jyothi e Rakthasali são extraídas separadamente. (F. Arab et al.,2011).

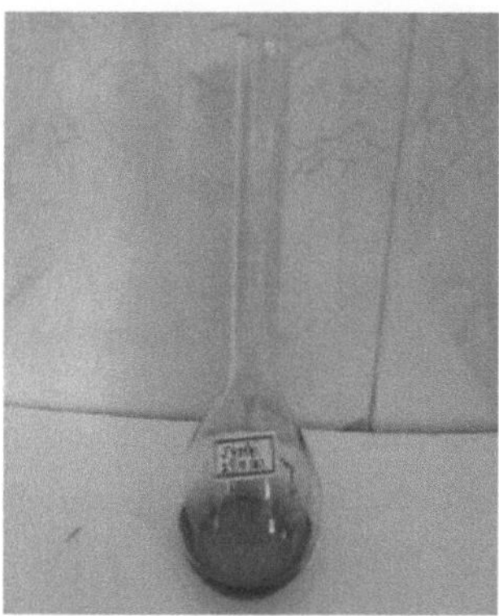

Figura 5. Extrato metanólico de farelo de arroz de Oryza sativa L.cv.Jyothi

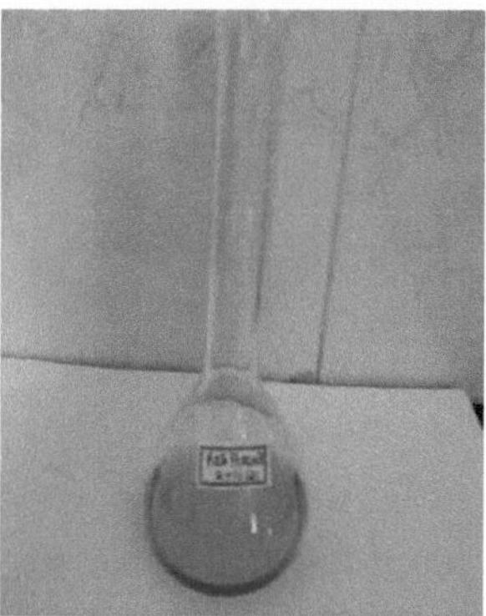

Figura 6. Extrato metanólico de farelo de arroz de Oryza sativa L.cv. Rakthasali

1.2.3. ENSAIO DA PROPRIEDADE ANTIOXIDANTE

1.2.3.1. ENSAIO DE ELIMINAÇÃO DO RADICAL DPPH

Princípio

A capacidade de eliminação de radicais livres dos extractos foi testada pelo ensaio de eliminação de radicais DPPH, tal como descrito por Blois MS em 1958. A capacidade de doação de átomos de hidrogénio dos extractivos da planta foi determinada pela descoloração da solução de metanol de 2,2-difenil-1-picrilhidrazil (DPPH). O DPPH produz uma cor violeta/púrpura em solução de metanol e desvanece-se em tons de cor amarela na presença de antioxidantes.

Preparação da amostra de ensaio

As soluções de reserva das amostras foram preparadas dissolvendo 1 g de farelo de arroz estabilizado em 25 ml de metanol a 99% para obter uma concentração de 40mg/ml.

Preparação standard

Preparou-se uma solução de 4 mg de DPPH em 1 ml de metanol (40 mg/ml) e manteve-se em local fresco e escuro.

Procedimento

3 mL desta solução de DPPH foram misturados com cada um dos tubos de ensaio com uma série de 0,10,20,30,40,50 μL de extrato de farelo de arroz em metanol a diferentes concentrações (700,6.990,6.980,6.970,6.960,6.950 μL). A mistura de reação foi agitada em vórtice e deixada no escuro à temperatura ambiente durante 30 minutos. A absorvância da mistura foi medida espectrofotometricamente a 517 nm. A percentagem de atividade de eliminação do radical DPPH foi calculada pela seguinte equação:

$$\text{\% DPPH radical scavenging activity or inhibition \%} = \frac{A0 - A1}{A0} \times 100$$

em que A0 é a absorvância do controlo e A1 é a absorvância dos extractivos/padrão. Em seguida, a % de inibição foi representada em função da concentração e, a partir do gráfico, calculou-se a IC50. Foi desenhada uma curva de calibração da percentagem de inibição dos extractos de farelo de arroz para concentrações (40, 80, 120, 160 e 200 μg/ml) para determinar os valores IC50 dos extractos, que é a concentração à qual 50% da solução de DPPH é eliminada. A experiência foi repetida três vezes para cada concentração. (Md. Mahbubur Rahman et al.,2015)

1.2.3.2. Ensaio de redução de potência

Princípio

O método de ensaio do poder redutor baseia-se no princípio de que as substâncias com potencial de redução reagem com o ferricianeto de potássio (Fe^{3+}) para formar ferrocianeto de potássio (Fe^{2+}), que depois reage com o cloreto férrico para formar um complexo férrico-ferroso que tem um máximo de absorção a 700 nm. (Oyaizu M., 1986). Neste teste, a cor amarela da solução de teste muda para verde, reflectindo o poder redutor da amostra. Os agentes redutores na solução iniciam a redução do complexo Fe^{3+} /ferricianeto para a estrutura ferrosa. Por conseguinte, o Fe^{2+} pode ser observado através da medição da absorvância a 700 nm. A atividade antioxidante dos extractos de farelo de arroz sintetizados foi avaliada através do ensaio de poder redutor (ManmohanSinghal et al.,2014).O poder redutor dos extractos de farelo de arroz de Jyothi e Rakthasali foi determinado através de uma ligeira modificação do método de Oyaizu, (Oyaizu M.,1986) . As substâncias com potencial de redução reagem com o ferricianeto de potássio (Fe3+) para formar ferrocianeto de potássio (Fe2+), que reage depois com o cloreto férrico para formar um complexo ferroso que tem um máximo de absorção a 700 nm.

Antioxidante

Ferricianeto de potássio + cloreto férricoFerrocianeto de potássio + cloreto ferroso

A capacidade redutora de um composto pode servir como um indicador significativo da sua potencial atividade antioxidante. Tal como a atividade antioxidante, o poder redutor do extrato de farelo de arroz aumenta com o aumento da concentração.

Produtos químicos necessários

Ferricianeto de potássio (1% p/v), tampão fosfato (0,2 M, pH 6,6), ácido tricloroacético (10%), cloreto férrico (0,1%) e ácido ascórbico (1%).

Preparação do tampão fosfato

O fosfato de sódio dibásico (37,50 ml de 0,2M) é misturado com 62,5 ml de fosfato de sódio monobásico e diluído para 100 ml com água (P. Jayanthi & P. Lalitha, 2011).

Preparação da solução padrão

Dissolveu-se 1g de ácido ascórbico em 10 ml de água destilada para obter a concentração de 0,1g/ml.

Preparação da amostra de ensaio

As soluções de reserva das amostras foram preparadas dissolvendo 1 g de farelo de arroz estabilizado em 25 ml de metanol a 99% para obter uma concentração de 40mg/ml.

Protocolo de redução da potência

De acordo com este método, as alíquotas de 50 µL do padrão (ácido ascórbico, controlo positivo) e os extractos das amostras de ensaio em 1 ml de metanol foram misturados com 5 ml de tampão fosfato (pH 6,6) e 5 ml de ferricianeto de potássio (1%). A mistura foi incubada a 50°C num banho de água durante 20 minutos após arrefecimento. Foram adicionadas alíquotas de 5 ml de ácido tricloroacético (10%) à mistura, que foi depois centrifugada a 3000 rpm durante 10 minutos. A camada superior da solução de 5 ml foi misturada com 5 ml de água destilada e 1 ml de solução de cloreto férrico (1%) recentemente preparada. Esta mistura foi deixada à temperatura ambiente durante 10 minutos. A absorvância foi medida a 700 nm num espetrómetro UV (Systronic double beam-UV-2201) (Quisumbing E. et al.,1978). Foi preparado um branco com 1 ml de metanol e 5 ml de tampão fosfato, sem adição de extrato. Em vez de adicionar qualquer amostra, 50 µL de metanol foram utilizados como controlo negativo, seguindo-se o mesmo protocolo. Foram utilizados 50 µL de ácido ascórbico (0,1 g/ml) como padrão. Como ilustrado nas figuras, o Fe^{3+} foi transformado em Fe^{2+} na presença de extractos de casca de arroz. Este resultado indica que o aumento da absorvância da mistura de reação indica um aumento do poder redutor. (Nayan R. et al.,2013)

O aumento percentual do poder redutor foi calculado através da seguinte equação:

$$\text{Increase in reducing power (\%)} = \frac{\text{A. test} - \text{A. control}}{\text{A. control}} \times 100$$

em que "A ensaio" é a absorvância da solução de ensaio; "A. controlo" é a absorvância do controlo. (ManmohanSinghal et al.,2014).

1.2.3.3. Determinação do teor total de flavonóides (TFC)

Princípio

O ensaio espetrofotométrico baseado na formação de complexos de alumínio é um dos procedimentos mais utilizados para a determinação dos chamados flavonóides totais, uma vez que o teor destes compostos é considerado um parâmetro importante para a avaliação de amostras de alimentos ou plantas medicinais. Este método, proposto inicialmente por Christ e Müller (1960) para a análise de materiais à base de plantas, foi posteriormente modificado várias vezes. Podem distinguir-se dois procedimentos amplamente aplicados. No primeiro, adiciona-se a uma amostra uma solução de AlCl3 na gama de concentrações de 2-10 % (m/v), que pode ser aplicada na presença de uma solução ácida ou de acetato; nalguns casos, adiciona-se apenas metanol ou água. As medições foram efectuadas após 2 a 60 minutos da adição de AlCl3 a 404-430 nm e foram utilizados diferentes flavonóis (quercetina, rutina, quercetrina, galangina), bem como flavan-3-ol catequina, como compostos padrão para a expressão dos resultados. No segundo procedimento frequentemente utilizado, a reação de complexação é realizada na presença de NaNO2 em meio alcalino, que foi aplicado no passado para a determinação de o-difenóis (Barnum 1977). O método baseia-se na nitração de qualquer anel aromático que contenha um grupo catecol com as suas três ou quatro posições não substituídas ou não bloqueadas estericamente. Após a adição de Al(III), forma-se uma solução amarela de complexo, que passa imediatamente a vermelho após a adição de NaOH, e o valor da absorvância é medido a 450 nm. (Anna Pykal & Krystyna Pyrzynska, 2014).

Preparação da solução padrão

Dissolveram-se 0,05 g de quercetina em 50 ml de metanol para obter uma solução a 1% de quercetina (1 mg/ml), designada por solução padrão.

Preparação da amostra de ensaio

As soluções de reserva das amostras foram preparadas dissolvendo 1 g de farelo de arroz estabilizado em 25 ml de metanol a 99% para obter uma concentração de 40mg/ml.

Preparação de uma solução de cloreto de alumínio a 10%

Dissolveram-se 5 g de cloreto de alumínio em 50 ml de água destilada para obter uma solução a 10% (0,1 g/ml).

Solução 1 molar de acetato de sódio

6,804 g de acetato de sódio dissolvidos em 50 ml de água destilada.

Procedimento

O ensaio de formação de complexos de cloreto de alumínio foi utilizado para determinar o teor total de flavonóides dos extractos. A quercetina é preferida como composto padrão neste procedimento (Quadro 4.) e o teor de flavonóides foi determinado como equivalente de quercetina. Para o efeito, foi elaborada uma curva de calibração da quercetina. A partir da solução padrão de quercetina, foram preparadas diluições de concentrações de 10, 20, 30, 40 e 50 µg/ml em metanol. Misturaram-se 5 ml de cada uma das diluições de quercetina com 500 µl de cloreto de alumínio a 10% e efectuou-se uma centrifugação rápida. Em seguida, efetuar novamente uma centrifugação rápida, após a qual foram adicionados sequencialmente 500 µl de solução de acetato de sódio 1M. A absorvância desta mistura de reação foi registada a 450 nm no espetrofotómetro UV. O mesmo procedimento foi repetido com os extractos metanólicos de farelo de arroz de Jyothi e Rakthasali. 5 ml de metanol isolado foram utilizados como branco. Em seguida, o teor de flavonóides totais foi calculado como equivalentes de quercetina (mgQE/g). Todos os procedimentos foram efectuados em triplicado. (Mohd Nur Nasyriq Anuar et al.,2014).

1.2.3.4. Determinação do teor fenólico total (TPC)

Princípio

O ensaio de Folin-Ciocalteu (F-C) é um dos ensaios mais populares para a análise fenólica (Singleton e Rossi, 1965). O princípio do ensaio F-C é a redução do reagente de Folin-Ciocalteu (FCR) na presença de fenólicos, resultando na produção de azul de molibdénio-tungsténio que é medido espectrofotometricamente a 760 nm e a intensidade aumenta linearmente com a concentração de fenólicos no meio de reação, tal como descrito por Swain e Hillis (1959).

Preparação da solução padrão

Dissolveu-se 1 g de ácido gálico em 100 ml de metanol para obter uma solução a 1% de ácido gálico (10 mg/ml), designada por solução padrão. Foram preparadas diluições desta solução com água destilada para obter as concentrações de 0,1, 0,5, 1,0, 2,5 e 5,0 μg/ml.

Preparação da amostra de ensaio

As soluções de reserva das amostras foram preparadas dissolvendo 1 g de farelo de arroz estabilizado em 25 ml de metanol a 99% para obter uma concentração de 40mg/ml.

Procedimento

O teor fenólico total dos dois extractos de farelo de arroz de Jyothi e Rakthasali foi determinado utilizando o método de Folin-Ciocalteu. Foi construída uma curva padrão de ácido gálico preparando as diluições de (0,1, 0,5, 1,0, 2,5 e 5 mg/ml) em metanol a partir da solução padrão de ácido gálico. Misturaram-se 100 μL de cada uma destas diluições com 500 μL de água e, em seguida, com 100 μL de reagente de Folin-Ciocalteu e deixou-se repousar durante 6 minutos. Em seguida, adicionou-se à mistura de reação 1 ml de carbonato de sódio a 7% e 500 ml de água destilada. A absorvância foi registada após 90 minutos a 760 nm por espetrometria. O mesmo procedimento foi repetido com os extractos metanólicos de duas amostras de farelo de arroz. O teor fenólico total do Jyothi e do Rakthasali foi calculado como equivalentes de ácido gálico (mgGAE/g). (Mohd Nur Nasyriq Anuar et al.,2014)A absorvância foi medida para determinar o conteúdo fenólico total em ambos os extractos separadamente utilizando a fórmula,

$C = C1 \times V/m$

em que C = teor fenólico total em mg/g, em GAE (equivalente de ácido gálico), C1 = concentração de ácido gálico estabelecida a partir da curva de calibração em mg/ml, V = volume do extrato em ml e m = peso do extrato da planta em g. (Nazish Siddiqui et al.,2017).

1.2.3.5. CROMATOGRAFIA EM CAMADA FINA

Princípio

A cromatografia em camada fina utiliza uma placa de vidro fina revestida com óxido de alumínio ou gel de sílica como fase sólida. A fase móvel é um solvente escolhido de acordo com as propriedades dos componentes da mistura. O princípio da TLC é a distribuição de um composto entre uma fase fixa sólida (a camada fina) aplicada a uma placa de vidro ou de plástico e uma fase móvel líquida (solvente de eluição) que se desloca sobre a fase sólida. Uma pequena quantidade de um composto ou de uma mistura é aplicada num ponto inicial, imediatamente acima do fundo da placa de TLC.

A placa é então revelada na câmara de revelação, que tem uma poça pouco profunda de solvente imediatamente abaixo do nível a que a amostra foi aplicada. O solvente é arrastado pelas partículas da placa através da ação capilar e, à medida que o solvente se desloca sobre a mistura, cada composto permanece na fase sólida ou dissolve-se no solvente e sobe na placa. O facto de o composto subir ou permanecer na placa depende das propriedades físicas desse composto individual e, por conseguinte, da sua estrutura molecular, especialmente dos grupos funcionais. É seguida a regra da solubilidade "O semelhante dissolve o semelhante". Quanto mais semelhantes forem as propriedades físicas do composto à fase móvel, mais tempo permanecerá na fase móvel. A fase móvel transportará os compostos mais solúveis o mais longe possível na placa TLC. Os compostos menos solúveis na fase móvel e com maior afinidade com as partículas da placa TLC ficarão para trás (Archana A. Bele & Anubha Khale, 2011).

Preparação da solução padrão

Dissolveram-se 0,05 g de quercetina em 50 ml de metanol para obter uma solução a 1% de quercetina (1 mg/ml), designada por solução padrão.

Preparação da amostra de ensaio

As soluções de reserva das amostras foram preparadas dissolvendo 1 g de farelo de arroz estabilizado em 25 ml de metanol a 99% para obter uma concentração de 40mg/ml.

Procedimento

Com a ajuda de tubos capilares, colocaram-se 10 μl das amostras de extractos de farelo de arroz e da solução-padrão na placa TLC como um único ponto. As placas foram então mantidas na câmara de vidro TLC e a fase móvel foi deixada a mover-se através da fase adsorvente até 3/4 da placa. O sistema de fase móvel utilizado foi o acetato de etilo: tolueno: ácido fórmico (4:5:1), sendo a quercetina utilizada como padrão. As folhas de TLC foram secas ao ar e observadas sob luz UV. O desenvolvimento do cromatograma foi registado e os valores Rf foram calculados. Na cromatografia em camada fina, o fator de retenção (Rf) é utilizado para comparar e ajudar a identificar compostos. O valor Rf de um composto é igual à distância percorrida pelo composto dividida pela distância percorrida pela frente de solvente (ambas medidas a partir da origem). O valor do fator de retenção (Rf) é a razão entre a distância percorrida pela substância a analisar e a distância percorrida pela frente do solvente num cromatograma.

$$\text{Rf value} = \frac{\text{Distance travelled by the substance from reference line(cm)}}{\text{Distance travelled by the solvent front from reference line (cm)}}$$

RESULTADOS

1.3. ENSAIO DE ELIMINAÇÃO DO RADICAL DPPH

A atividade de eliminação de radicais dos dois extractos foi medida contra DPPH (o radical 2,2-Difenil-1-picril-hidrazil foi medido de acordo com o método de Masuda. As actividades de eliminação de radicais livres dos extractos metanólicos de farelo de arroz foram avaliadas pelo ensaio DPPH. Os quadros 1 e 2 ilustram uma diminuição significativa da concentração do radical DPPH devido à capacidade de eliminação do farelo de arroz. As figuras 7 e 8 mostram a atividade de eliminação de radicais livres dos extractos metanólicos de farelo de arroz das cultivares de arroz Jyothi e Rakthasali. Entre os extractivos, o Jyothi possui a atividade mais elevada. A uma concentração de 200 μg/ μL, a atividade de eliminação de Jyothi e Rakthasali foi de 83,29 & 76,61 %, respetivamente. O IC50 dos extractos metanólicos de Jyothi e Rakthasali foi de 18,49 e 6,45 μg/mL, respetivamente. A concentração inibitória semimáxima (IC50) é a medida mais amplamente utilizada e informativa da eficácia de um fármaco. Indica a quantidade de fármaco necessária para inibir um processo biológico para metade, fornecendo assim uma medida da potência de um fármaco antagonista na investigação farmacológica: Jyothi > Rakthasali.

Amostra (40 mg /ml)	Concentração em (μg/ μL)	Absorvância Ou Densidade ótica (DO)	RSA (Radical atividade de limpeza)	IC50
controlo	O	0.0479	Nulo	Nulo
1	40	0.0268	44.0501	2.289
2	80	0.0207	56.7849	6.341
3	120	0.0131	72.6513	10.392
4	160	0.0110	77.0354	14.44
5	200	0.008	83.2985	18.495

Tabela 1: Atividade de eliminação do radical DPPH do extrato de farelo de arroz Jyothi em diferentes concentrações.

Amostra (40 mg /ml)	Concentração em(µg/ µL)	Absorvância Ou Densidade ótica (DO)	RSA (Atividade de eliminação de radicais)	IC50
Controlo	O	0.0479	Nulo	Nulo
1	40	0.0324	32.3590	2.487
2	80	0.0237	50.5219	4.114
3	120	0.0149	68.8935	5.758
4	160	0.0126	73.6951	6.188
5	200	0.0112	76.6179	6.450

Tabela 2. Atividade de eliminação de radicais DPPH do extrato de farelo de arroz Rakthasali em diferentes concentrações

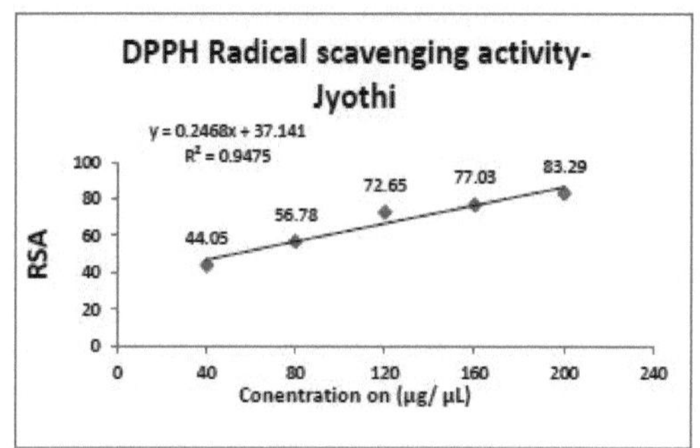

Figura 7. A gama de atividade de eliminação de radicais DPPH do extrato de farelo de arroz Jyothi em diferentes concentrações

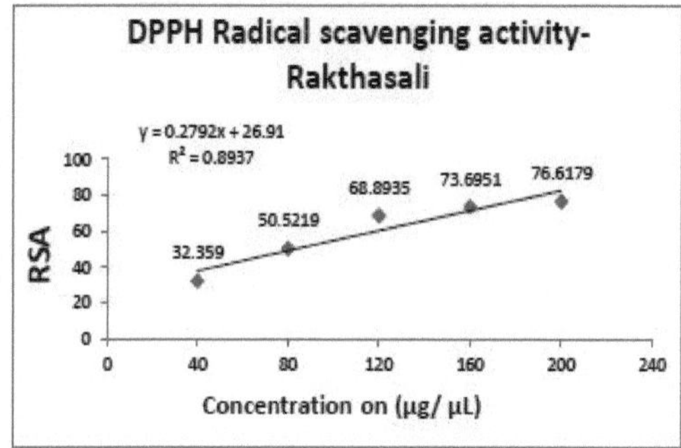

Figura 8. A gama de atividade de eliminação de radicais DPPH do extrato de farelo de arroz Rakthasali em diferentes concentrações

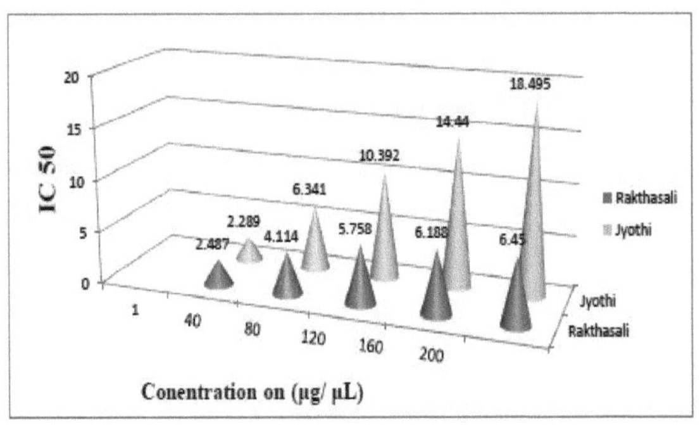

Figura 9. Comparação dos valores **IC50** ou da atividade de eliminação de radicais DPPH dos extractos de farelo de arroz de Jyothi e Rakthasali.* **IC50** = Concentração inibitória semi-máxima

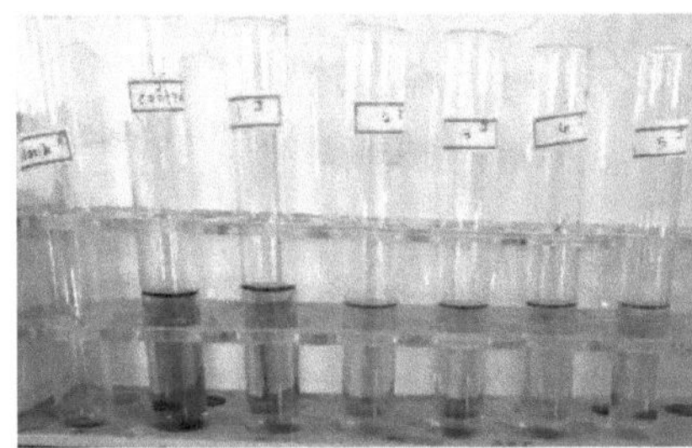

Figura 10. Ensaio DPPH do farelo de arroz Jyothi

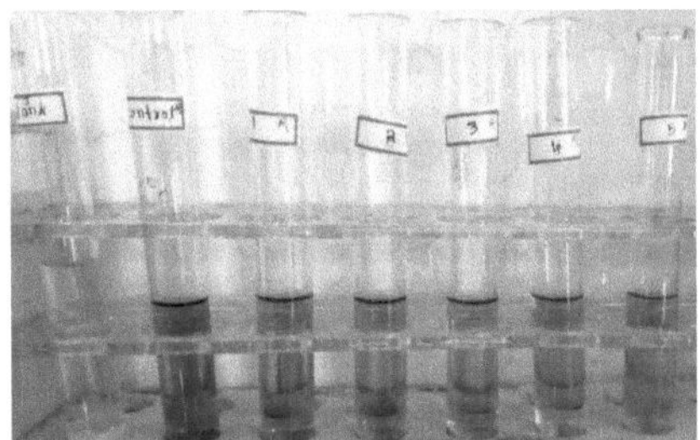

Figura 11. Ensaio DPPH do farelo de arroz Rakthasali

1.4. ENSAIO DE PODER REDUTOR

Os extractos metanólicos das duas amostras mostraram uma quantidade considerável de atividade redutora. 40 mg/ml dos extractos metanólicos de farelo de arroz mostraram valores de absorvância de 0,88 e 0,85 correspondentes a Jyothi e Rakthasali, respetivamente.

Enquanto 50 μL (0,1 g/ml) do ascorbato de controlo positivo apresentaram uma absorvância de 1,52. (Rao AS. et al.,2010).

O poder redutor dos extractos de farelo de arroz e do padrão foi representado na Figura 12. O aumento percentual do poder redutor foi calculado utilizando a seguinte equação

$$\text{Increase in reducing power(\%)} = \frac{\text{A. test - A. control}}{\text{A control}} \times 100$$

em que 'A.teste' é a absorvância da solução de teste; 'A. controlo' é a absorvância do controlo.(ManmohanSinghal et al.,2014).

Compostos	Absorvância (700 nm)	% de poder redutor
Controlo negativo	0.34	Nulo
Raklhasali (50 μL)	0.85	150
Jyolhi (50 μL)	0.88	158.82
Controlo positivo (padrão Ácido ascórbico)	1.52	347.05

Tabela 3. Atividade antioxidante dos extractos de farelo de arroz através do ensaio de poder redutor.

Os quadros mostram que ambos os extractos apresentaram uma atividade antioxidante significativa. A maior atividade redutora foi observada na variedade Jyothi.

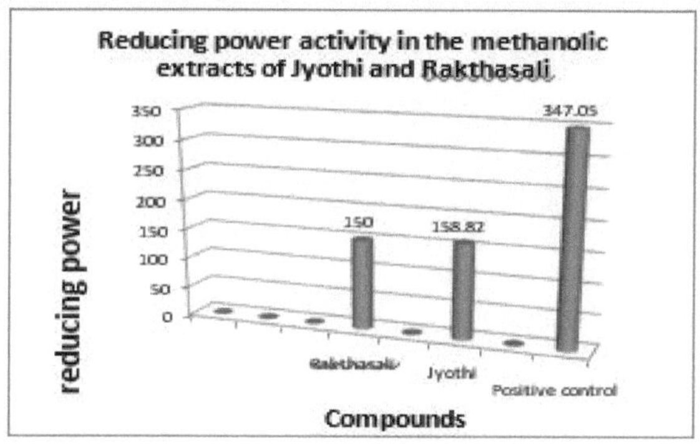

Figura 12. Atividade antioxidante dos extractos de farelo de arroz por ensaio de poder redutor.

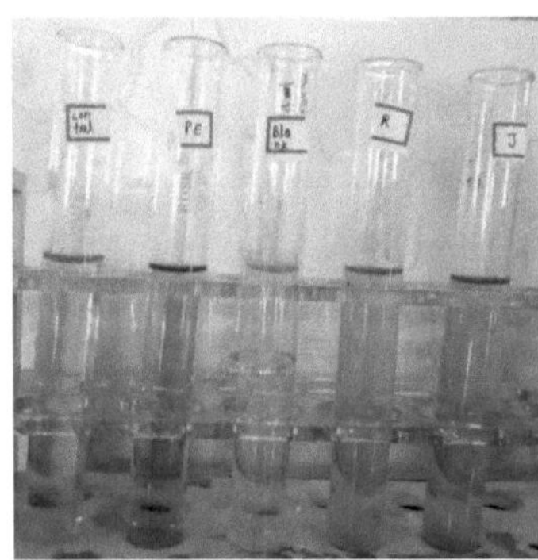

Figura 13. Ensaio de poder redutor do farelo de arroz Jyothi e Rakthasali

1.5. ESTIMATIVA DO TEOR DE FLAVONÓIDES (ANÁLISE TFC)

O ensaio de formação de complexos de cloreto de alumínio foi utilizado para determinar o teor total de flavonóides dos extractos. A quercetina foi utilizada como padrão e o teor de flavonóides foi determinado como equivalente de quercetina. Para o efeito, foi elaborada uma curva de calibração para a quercetina. O teor total de flavonóides foi calculado com a ajuda da Figura 14, e a equação da curva padrão foi y = 0,199x + 0,181, em que R^2 = 0,9495.

No caso da Jyothi, a absorvância é de 0,48. Y = 0,48, m = 0,199, c = 0,181.

Assim, x = (y-c) / m

X = (0.48-0.181) / 0.199 = 1.502.

X = 1,502 µg/ml ou 0,150 mg/ml

Inicialmente, 4 mg do extrato da amostra foram dissolvidos em 1 ml de metanol. Por conseguinte, 4 mg de extrato seco em cada 1 ml de solução de extrato de metanol. Quantidade de flavonóides em mg por grama de amostra de extrato = (0,150/4)*1000 = 37,5 mg QE/grama de flavonóides em amostra de extrato seco de farelo de arroz Jyothi.

No caso do Rakthasali, a absorvância é de 0,46. y = 0,46 ,m = 0,199, c = 0,181.

Assim, x = (y-c) / m

X = (0.46-0.181) / 0.199 = 1.402.

X = 1,402 µg/ml ou 0,140 mg/ml

Teor de flavonóides em mg por grama de amostra de extrato = (0,140/4)*1000

= 35 mg QE/grama de flavonóides na amostra de extrato seco de farelo de arroz Rakthasali.

A partir do gráfico padrão, o conteúdo total de flavonóides (equivalentes de quercetina, mg QE/grama de flavonóides) na amostra de extrato seco de Jyothi e Rakthasali foi calculado como sendo 37,5 e 35 mg QE/grama, respetivamente.

A tabela 4 mostra a absorvância média de várias concentrações de quercetina, enquanto a figura 14 mostra a curva padrão da quercetina e a equação de regressão utilizada para calcular o teor de flavonóides totais dos extractos.

O teor total de flavonóides em ambos os extractos separadamente pode ser determinado utilizando a fórmula,

$C = C1 \times V/m$

em que C = teor total de flavonóides em mg/g, em QE (equivalente de quercetina), C1 = concentração de quercetina estabelecida a partir da curva de calibração em mg/ml, V = volume do extrato em ml e m = peso do extrato da planta em g.

No caso de Jyothi, C = 0,150 mg/ml V = 1ml

m = 0,004 grama

$C = 0.150\ (1/0.004)$

C = 37,5 mg QE/grama de flavonóides na amostra de extrato seco de farelo de arroz Jyothi.

No caso do Rakthasali, C = 0,140 mg/ml

V = 1ml

m = 0,004 grama

$C = 0.140(1/0.004)$

C = 35 mg QE/grama de flavonóides na amostra de extrato seco de farelo de arroz Rakthasali.

O conteúdo total de flavonóides (equivalentes de quercetina, mg QE/grama de flavonóides) na amostra de extrato seco de Jyothi e Rakthasali foi calculado em 37,5 e 35 mg QE/grama, respetivamente.

Concentração (µg/ml)	Absorvância (média) a 450 nm
10	0.31
20	0.62
30	0.82
40	1.05
50	1.09
Jyothi	0.48
Rakthasali	0.46

Quadro 4: Absorvância de várias concentrações de quercetina e extractos de farelo de arroz.

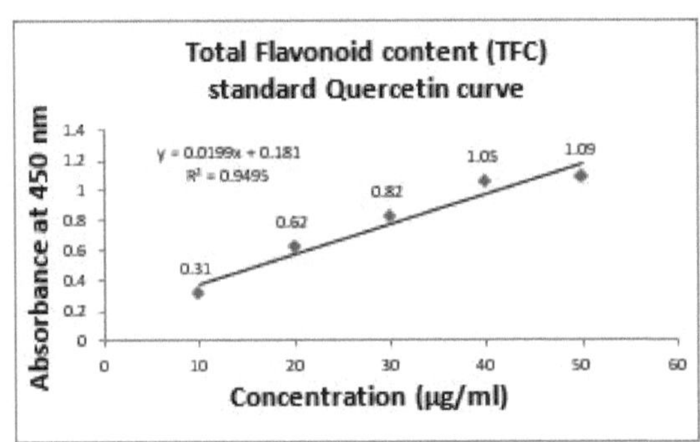

Figura 14. Absorvância do composto padrão (quercetina) a várias concentrações

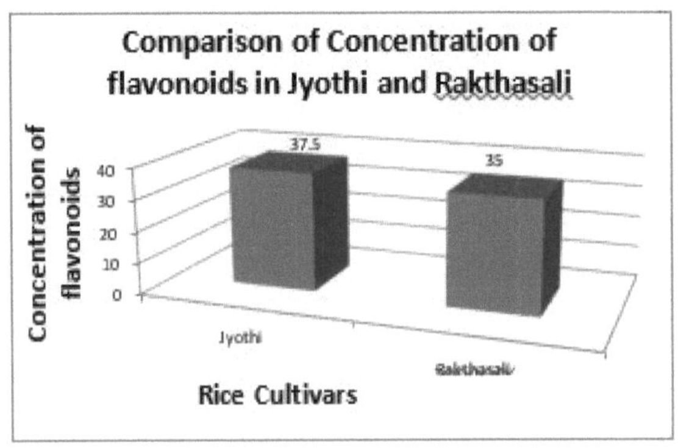

Figura 15. Comparação entre a concentração de flavonóides nos extractos metanólicos de farelo de arroz de Jyothi e Rakthasali.

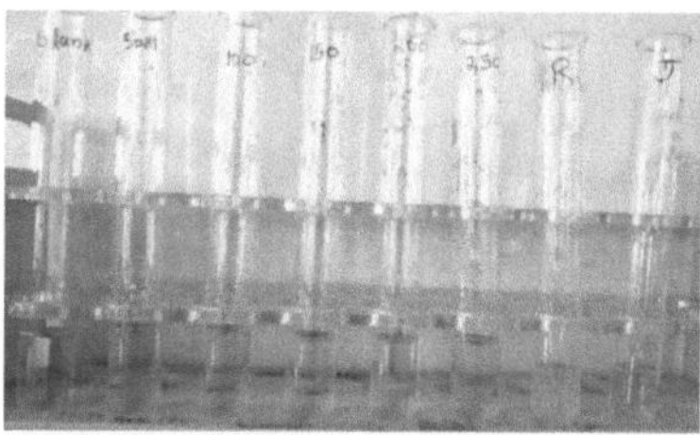

Figura 16. Estimativa do teor de flavonóides nos extractos metanólicos de farelo de arroz de Jyothi e Rakthasali.

1.6. TEOR DE FENÓLICOS TOTAIS (ANÁLISE TPC)

Foi realizado um rastreio fitoquímico dos extractos metanólicos de Jyothi e Rakthasali, e ambos os extractos revelaram a presença de fenólicos. O conteúdo fenólico total foi determinado utilizando o método de Folin Ciocalteu em termos de equivalente de ácido gálico (GAE) em mg/g do extrato (Osawa e Namiki, 1981). O teor de fenólicos totais foi calculado com a ajuda da **Figura 17**, e a equação da curva padrão foi y = 0,341x + 0,0167, onde R^2 =0,9871 .

No caso da Jyothi, a absorvância é de 1,15. Y = 1,15 , m = 0,341, c = 0,0167.

Assim, x = (y-c)/m

X = (1.15-0.0167) / 0.341 = 3.323

X = 3,323 µg/ml ou 0,332 mg/ml

Inicialmente, 4 mg do extrato da amostra foram dissolvidos em 1 ml de metanol, pelo que 4 mg de extrato seco foram colocados em cada 1 ml de solução de extrato de metanol.

quantidade de fenólicos em mg por grama de amostra de extrato = (0,332/4)*1000 = 83 mg GAE/grama de fenólicos em amostra de extrato seco de farelo de arroz Jyothi.

No caso do Rakthasali, a absorvância é de 1,30. y = 1,30 , m = 0,341, c = 0,0167.

Assim, x = (y-c) / m

X = (1.30-0.0167) / 0.341 = 3.763.

X = 3,763 µg/ml ou 0,376 mg/ml

quantidade de fenólicos em mg por grama de amostra de extrato = (0,376/4)*1000 = 94 mg GAE/grama de fenólicos em amostra de extrato seco de farelo de arroz Rakthasali.

A partir do gráfico padrão, o conteúdo fenólico total (equivalentes de ácido gálico, mg

GAE/grama de fenol) na amostra de extrato seco de Jyothi e Rakthasali foi calculado como sendo 83 e 94 mg GAE/grama, respetivamente.

A tabela 5 mostra a absorvância média de várias concentrações de ácido gálico, enquanto a figura 17 mostra a curva padrão do ácido gálico e a equação de regressão utilizada para calcular o conteúdo fenólico total dos extractos.

O conteúdo fenólico total em ambos os extractos separadamente pode ser determinado utilizando a fórmula,

$C = C1 \times V/m$

em que C = teor de fenólicos totais, em mg/g, em GAE (equivalente de ácido gálico), C1 = concentração de ácido gálico estabelecida a partir da curva de calibração, em mg/ml, V = volume do extrato, em ml, e m = peso do extrato da planta, em g.

No caso de Jyothi, C = 0,332 mg/ml V = 1ml

m = 0,004 grama

$C = 0.332(1/0.004)$

C = 83 mg GAE/grama de fenólicos na amostra de extrato seco de farelo de arroz Jyothi.

No caso do Rakthasali, C = 0,376 mg/ml

V = 1ml

m = 0,004 grama

$C = 0.376(1/0.004)$

C = 94 mg GAE/grama de fenólicos na amostra de extrato seco de farelo de arroz Rakthasali.

O conteúdo fenólico total (equivalentes de ácido gálico, mg GAE/grama de fenólicos) na amostra de extrato seco de Jyothi e Rakthasali foi calculado em 83 e 94 mg GAE/grama, respetivamente.

Concentração (mg/ml)	Absorvância (média) a 760nm
0.1	0.10
0.5	0.15
1.0	0.20
2.5	0.88
5.0	1.69
Jyothi	1.15
Rakthasali	1.30

Tabela 5: Absorvância de várias concentrações de ácido gálico e extractos de farelo de arroz

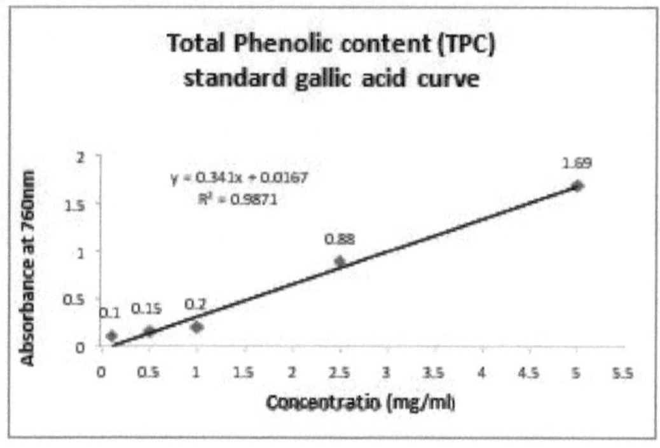

Figura 17. Curva padrão de ácido gálico

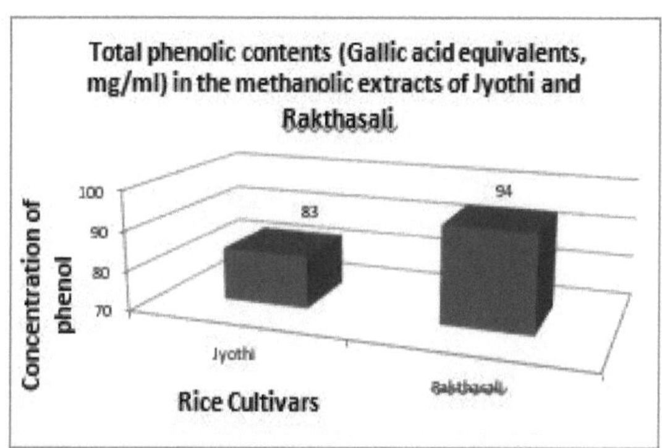

Figura 18. Comparação entre a concentração de fenóis nos extractos de farelo de arroz Jyothi e Rakthasali.

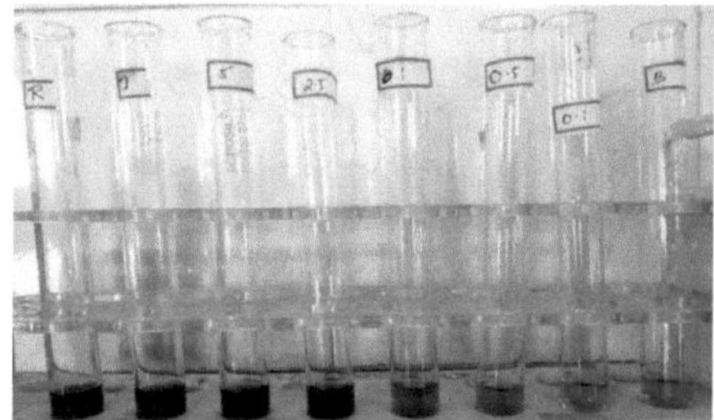

Figura 19. Estimativa do conteúdo fenólico nos extractos metanólicos de farelo de arroz de Jyothi e Rakthasali.

ANÁLISE POR CROMATOGRAFIA EM CAMADA FINA (TLC)

Na cromatografia em camada fina, o fator de retenção (Rf) é utilizado para comparar e ajudar a identificar compostos. O valor Rf de um composto é igual à distância percorrida pelo composto dividida pela distância percorrida pela frente do solvente (ambas medidas a partir da origem).

O valor do fator de retardamento ou de retenção (Rf) é a relação entre a distância percorrida pela substância a analisar e a distância percorrida pela frente de solvente num cromatograma.

Rf = Distância percorrida pela substância a partir da linha de referência (cm)/Distância percorrida pela frente de solvente a partir da linha de referência (cm)

O valor Rf do extrato de farelo de arroz de Rakthasali é de 0,55

A quercetina é utilizada como padrão nesta experiência. O extrato metanólico de farelo de arroz de Rakthasali apenas mostra a presença do composto flavonoide, a quercetina.

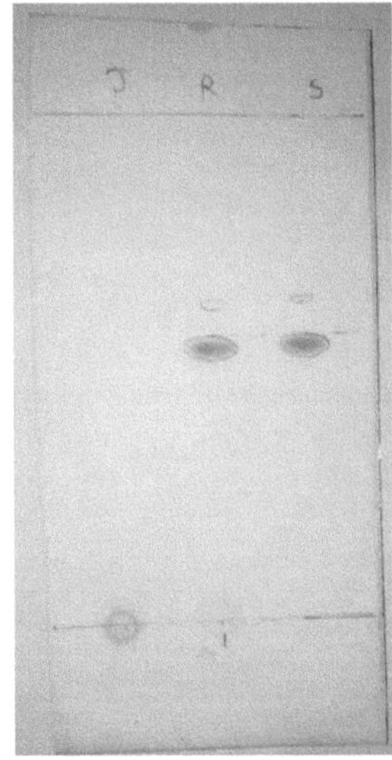

Figura 20. Estimativa do composto flavanóide por TLC nos extractos metanólicos de farelo de arroz de Jyothi e Rakthasali.

Comparação entre os resultados dos testes antioxidantes dos extractos metanólicos de farelo de arroz de Oryza saliva L.cv. Jyothi e Oryza saliva L.cv.rakthasali.

	DPPH Atividade de eliminação de radicais (valor IC50 a 200 µg/µL)	Poder redutor (µg/ml)	Teor de flavonóides totais (mg de equivalente de quercetina (QE)/g de farelo)	Teor de fenólicos totais (mg de equivalente de ácido gálico (GAE)/g de farelo)	Identificação de quercetina por cromatografia em camada fina
Oryza sativa L.cv. Jyothi	18.49	158.82	37.5	83	Ausência de quercetina
Oryza sativa L.cv.Rakthasali	6.45	150	35	94	Presença de Quercetina

Tabela 6. Comparação entre os resultados do teste antioxidante dos extractos metanólicos de farelo de arroz de Oryza sativa L.cv. Jyothi e Oryza sativa L.cv.Rakthasali.

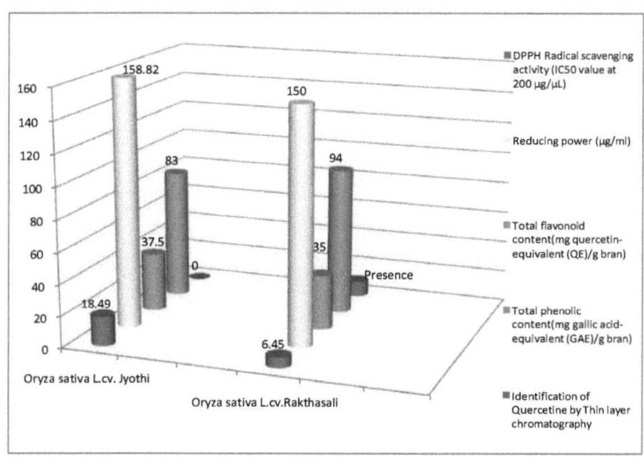

Figura 21. Comparação entre os resultados do teste antioxidante dos extractos metanólicos de farelo de arroz de Oryza sativa L.cv. Jyothi e Oryza sativa L.cv.Rakthasali.

DISCUSSÃO

As cultivares de arroz têm uma longa história de consumo popular, especialmente no Sudeste Asiático (Hu et al., 2003). Os extractos de farelo de arroz têm sido referidos como tendo um efeito hipocolesterolémico, bem como uma atividade antioxidante (Sugano & Tsuji, 1997). Para avaliar o potencial antioxidante dos compostos endógenos, não é suficiente um único método de ensaio. Além disso, os diferentes ensaios antioxidantes variam em termos de princípio de ensaio e de condições experimentais. Por exemplo, alguns métodos utilizam produtores de radicais orgânicos, como o DPPH. O fator tempo associado às suas reacções químicas para produzir radicais livres por reação de oxidação também é diferente entre si. Uma vez que o procedimento e as condições experimentais são diferentes para diferentes técnicas, os vários antioxidantes são considerados como um controlo para diferentes técnicas de ensaio de acordo com a sua taxa e tempo de eliminação. Além disso, os antioxidantes podem ser polares, por exemplo, fenólicos, flavonóides, etc., ou não polares, por exemplo, vitamina E, e podem atuar como eliminadores de radicais por mecanismo de doação de electrões ou por mecanismo de doação de hidrogénio. Por conseguinte, foram utilizados diferentes antioxidantes de controlo (por exemplo, ácido acético, quercetina, ácido gálico) para diferentes ensaios antioxidantes.

ACTIVIDADE ANTIOXIDANTE

ACTIVIDADE DE ELIMINAÇÃO DO RADICAL DPPH

Pensa-se que o efeito dos antioxidantes no DPPH se deve à sua capacidade de doação de hidrogénio (Baumann et al.,1979). As plantas produzem vários tipos de metabolitos secundários que ajudam a sobreviver às condições oxidativas variáveis. As actividades de eliminação de radicais são muito importantes para evitar o papel deletério dos radicais livres em diferentes doenças, incluindo o cancro. A eliminação de radicais livres DPPH é um mecanismo aceite para o rastreio da atividade antioxidante dos extractos de plantas. No ensaio DPPH, a solução de DPPH de cor violeta é reduzida a um produto de cor amarela, a difenilpicril hidrazina, pela adição do extrato de uma forma dependente da concentração. Este método tem sido amplamente utilizado para prever actividades antioxidantes devido ao tempo relativamente curto necessário para a análise. O resultado do ensaio de atividade de eliminação do radical DPPH dos extractos metanólicos de farelo de arroz de Oryza sativa L.cv Jyothi e Oryza sativa L.cv Rakthasali mostrou que estas plantas são potentemente activas. Entre os dois extractos testados, o extrato de farelo de arroz Jyothi mostra uma concentração elevada de atividade de eliminação de radicais (83,29) em comparação com o extrato de farelo de arroz Rakthasali (76,61%) a 200 µg/µL (Figura 7&8). Isto sugere que o extrato de farelo de arroz Jyothi contém compostos capazes de doar hidrogénio aos radicais livres para remover o eletrão estranho e atuar como antioxidante natural. Os antioxidantes são os produtos vegetais mais importantes que podem atuar como agentes anticancerígenos (Shimizu et al., 2013). Como se pode ver nos quadros 1 e 2, a atividade de eliminação de DPPH do extrato metanólico de farelo de arroz de Jyothi e Rakthasali varia consideravelmente, com uma atividade mais elevada em diferentes concentrações (40, 80, 120, 160, 200 µg/µL). O método DPPH é um bom método para testar o novo antioxidante presente no rastreio fitoquímico (Irina et al., 2002). A atividade de diferentes concentrações de extrato depende diretamente da atividade antioxidante. Isto implica que a atividade antioxidante aumenta com o aumento da concentração do extrato. Todas as concentrações de extractos de farelo de arroz Jyothi mostram uma grande atividade antioxidante do que os extractos de farelo de arroz Rakthasali. A percentagem mais elevada de inibição do radical DPPH (valor **IC50**) do extrato de Jyothi é de 18,49% (a 200 µg/µL), enquanto a do extrato de Rakthasali é de 6,45% (Fig. 9), o que indica a capacidade de aumento do extrato de farelo de arroz de Jyothi.

ENSAIO DE PODER REDUTOR

O poder redutor é também amplamente utilizado na avaliação da atividade antioxidante dos polifenóis vegetais. O poder redutor está geralmente associado à presença de redutores, que exercem uma ação antioxidante quebrando as cadeias de radicais livres através da doação de um átomo de hidrogénio. Assim, o poder redutor da amostra pode ser monitorizado medindo a formação de azul da Prússia de Perl a 700 nm (Oktay et al.,2003). Neste estudo, a capacidade redutora de ferro dos extractos metanólicos de farelo de arroz de Jyothi e Rakthasali foi estimada a partir da sua capacidade de reduzir o complexo $Fe3+$ -ferricianeto para a forma ferrosa através da doação de um eletrão. A capacidade redutora dos extractos de Jyothi e Rakthasali foi de 158,82 e 150 µg Fe(II)/ml, respetivamente (Quadro 3.). Ambos os extractos mostraram uma boa capacidade de poder redutor, em comparação com o controlo positivo (ácido ascórbico=347,05 %), que era dependente da concentração. No entanto, o farelo de arroz Jyothi apresenta uma capacidade de poder redutor relativamente elevada (Figura 12.).

Os nossos resultados são consistentes com os dados publicados anteriormente. Aqui, pode assumir-se que a atividade antíoxidante e a capacidade de poder redutor dos extractos se devem provavelmente à presença de polifenóis, que podem atuar como eliminadores de radicais livres doando um eletrão ou hidrogénio.

ANÁLISE DO TEOR DE FLAVONÓIDES TOTAIS (TFC)

O ensaio de formação de complexos de cloreto de alumínio foi utilizado para determinar o teor total de flavonóides dos extractos. A quercetina foi utilizada como padrão e o teor de flavonóides foi determinado como equivalente de quercetina. Para o efeito, foi elaborada uma curva de calibração para a quercetina. O ensaio espetrofotométrico baseado na formação de complexos de alumínio é um dos procedimentos mais utilizados para a determinação dos chamados flavonóides totais, uma vez que o teor destes compostos é considerado um parâmetro importante para a avaliação de amostras de alimentos ou plantas medicinais. Este método, proposto inicialmente por Christ e Müller (1960) para a análise de materiais à base de plantas, foi posteriormente modificado várias vezes. No presente estudo, foi calculado o teor de flavonóides totais de dois extractos pigmentados de farelo de arroz. O teor total de flavonóides foi calculado com a ajuda da curva-padrão da quercetina (Figura 14.). Nos farelos de arroz Jyothi e Rakthasali, os valores mais elevados de teor de flavonóides totais (TFC) (37,5 e 35 mg de equivalentes de quercetina (QE)/g, respetivamente) foram observados na solução metanólica (Figura 15). É evidente a partir da Figura 15 que o extrato metanólico TFC do Jyothi não foi significativamente diferente do farelo de arroz Rakthasali a concentrações de 10-50 µg/ml. O farelo de arroz Jyothi tem um teor de flavonóides totais notavelmente mais elevado em comparação com o extrato de farelo de arroz Rakthasali. (Anna Pykal & Krystyna Pyrzynska, 2014).

TEOR DE FENÓLICOS TOTAIS (ANÁLISE TPC)

Com o método do reagente de Folin-Ciocalteu, utilizando o ácido gálico como padrão, a quantidade média de compostos fenólicos totais encontrados nos extractos metanólicos de farelo de arroz Oryza sativa L.cv Jyothi e Oryza sativa L.cv Rakthasali variou entre 83 e 94 mg GAE/grama de extrato, respetivamente, como se mostra na Fig. 18. O farelo de arroz

Rakthasali apresentou o teor fenólico total mais elevado do que o extrato de farelo de arroz Jyothi. A partir dos resultados, os diferentes valores de compostos fenólicos totais nas duas cultivares de arroz não foram dramaticamente diferentes (N. Muntana & S. Prasong, 2010).

ANÁLISE POR CROMATOGRAFIA EM CAMADA FINA (HPLC)

A cromatografia em camada fina utiliza uma placa de vidro fina revestida com óxido de alumínio ou gel de sílica como fase sólida. A fase móvel é um solvente escolhido de acordo com as propriedades dos componentes da mistura. O princípio da TLC é a distribuição de um composto entre uma fase fixa sólida (a camada fina) aplicada a uma placa de vidro ou de plástico e uma fase móvel líquida (solvente de eluição) que se move sobre a fase sólida. (Archana A. Bele & Anubha Khale,2011). Na cromatografia em camada fina, o fator de retenção (Rf) é utilizado para comparar e ajudar a identificar os compostos. O valor Rf de um composto é igual à distância percorrida pelo composto dividida O valor do fator de retenção (Rf) é a razão entre a distância percorrida pela substância a analisar e a distância percorrida pela frente do solvente num cromatograma. A quercetina é utilizada como padrão nesta experiência. O extrato metanólico de farelo de arroz de Rakthasali mostra apenas a presença do composto flavonoide, a quercetina. O valor Rf do extrato de farelo de arroz de Rakthasali é de 0,55. O extrato de Jyothi revela a ausência de quercetina. Ambos os extractos revelam ausência de ácido gálico.

COMPARAÇÃO DA ANÁLISE DE ANTIOXIDANTES

O conteúdo fenólico total dos extractivos mostrou uma relação significativa e forte com as eficiências de eliminação de radicais livres (DPPH˙ e˙ OH) e a % de poder redutor. Os resultados são consistentes com os dados publicados anteriormente. Assim, os constituintes polifenólicos dos extractos podem ser os principais contribuintes para a atividade antioxidante na neutralização dos radicais livres e na inibição da peroxidação lipídica.O extrato metanólico do extrato de farelo de arroz Oryza sativa L.cv Jyothi mostra uma atividade antioxidante significativamente mais elevada em comparação com o extrato de farelo de arroz Oryza sativa L.cv Rakthasali. Em concentrações muito baixas, o extrato de Jyothi tem uma percentagem de atividade de limpeza aproximadamente mais elevada do que a concentração do extrato de Rakthasali. Por conseguinte, podemos avaliar que a Oryza sativa L.cv Jyothi tem os compostos que podem eliminar os radicais livres produzidos como resultado da oxidação. Tem um elevado potencial como antioxidante natural. O extrato de farelo de arroz Oryza sativa L.cv Rakthasali é também uma boa fonte de agentes antioxidantes e citotóxicos naturais. Assim, podemos dizer que o farelo de arroz da planta Oryza sativa L.cv Jyothi e Oryza sativa L.cv Rakthasali foi utilizado como fonte natural de fortes antioxidantes

RESUMO E CONCLUSÃO

Os compostos biologicamente activos puros ultrapassam frequentemente os extractos brutos em termos de eficácia. No entanto, para compreender plenamente a composição fitoquímica e as actividades biológicas de uma planta, é crucial investigar as propriedades das suas várias partes. Neste estudo, examinámos os extractos metanólicos de farelo de arroz de Jyothi e Rakthasali e descobrimos que o extrato de Jyothi, rico em compostos fenólicos e flavonóides, apresentava as actividades antioxidantes e de eliminação de radicais livres mais elevadas. Foi observada uma correlação positiva entre o conteúdo fenólico e as eficiências de eliminação de radicais livres (DPPH e OH) e a atividade de poder redutor. Estes ensaios in vitro sugerem que os extractos metanólicos de farelo de arroz Jyothi e Rakthasali são fontes significativas de antioxidantes naturais, potencialmente prevenindo doenças causadas por radicais livres, como certos tipos de cancro. Embora o Rakthasali contenha o flavonoide quercetina, os componentes específicos responsáveis pela sua atividade antioxidante ainda não são claros, sendo necessária mais investigação para isolar e identificar estes compostos. O presente estudo demonstra que o extrato metanólico bruto do farelo de arroz Jyothi contém níveis significativamente elevados de compostos polifenólicos com uma atividade antioxidante superior, como evidenciado pela sua capacidade de eliminação de radicais livres (DPPH). Adicionalmente, o extrato de farelo de arroz Rakthasali exibiu uma notável atividade de poder redutor. Em conclusão, as variedades de arroz Jyothi e Rakthasali podem ser fontes valiosas de produtos farmacêuticos à base de plantas.

BIBLIOGRAFIA

Anna Pykal & Krystyna Pyrzynska (2014). Avaliação da Reação de Complexação de Alumínio para o Ensaio de Conteúdo de Flavonóides, Food Anal. Methods, 11 de fevereiro de 2014.

Abdul-Lateef Molan (2017); Antioxidante, atividades de eliminação de radicais livres e conteúdo polifenólico total de extratos aquosos de sete cultivares de mirtilo cultivados na Nova Zelândia; American Journal of Life Science Researches; 5 (1): 18-29.

Akiri SVC Rao, Sareddy G Reddy, Phanithi P Babu, Attipalli R Reddy, (2010). As actividades antioxidantes e antiproliferativas dos extractos metanólicos do farelo de arroz Njavara, BMC Complement Altern Med. 2010; 10- 4.

Amrinola Wiwit , Azis Boing Sitanggang , Feri Kusnandar , Slamet Budijanto (2022). Caracterização de flocos pigmentados e não pigmentados de arroz glutinoso (ampiang) quanto às composições químicas, composições de ácidos graxos livres, composições de aminoácidos, teor de fibra alimentar e propriedades antioxidantes Food Sci. Technol, Campinas, v42, 1678-457.

Archana A. Bele* e Anubha Khale (2011). An overview on thin layer chromatography, revista internacional de ciências farmacêuticas e investigação, Volume 13, Número 5, 256-267.

Arun Jyothi B, Venkatesh K, Chakrapani P, Roja Rani A(2011). Potencial fitoquímico e farmacológico de Annona cherimola. Int J Phytomed; 3 :439- 47.

Aungulu, G. et al.(2007). Atividade de extractos de própolis destilados a vapor em fase gasosa na peroxidação e hidrólise de lípidos de arroz. Journal of Food Engineering, v. 80, p. 850-858.

Baumann J, Wurn G, Bruchlausen FV. (1979). Prostaglandina sintetase inibindo as propriedades de eliminação do radical O2 de alguns flavonóides e compostos fenólicos relacionados. Deutsche Pharmakologische Gesellschaft abstracts of the 20th spring meeting, Naunyn-Schmiedebergs abstract no: R27 cited. Arc Pharmacol; 307:R1-77.

Bennett, J.W., & Chung, K. T.(2001).Alexander Fleming e a descoberta da penicilina. Advances in applied microbiology, 49, 163-184.

Blois MS (1958). Determinações de antioxidantes através da utilização de um radical livre estável. Nature.;181:1199–200.

Brown. E., & Rice-Evans, C. A. (1998). O extrato de alcachofra rico em luteolina protege a lipoproteína de baixa densidade da oxidação in vitro. Investigação sobre radicais livres, 29(3), 247-255.

Chen, R. F., Abe, F., Yamauchi, T., & Taki, M. (1987). Cardenolide glycosides of Strophanthus divaricatus. Phytochemistry, 26(8), 2351-2355.

Christ B, Müller KH. Zur serienmaessigen Bestimmung des Gehaltes an Flavonol-Derivaten in Drogen. Archiv der Pharmazie. 1960;293(65):1033–1042.

Cosa P, Vlietinck AJ, Berghe DV, Maes L. (2006). Potencial anti-infecioso dos produtos naturais: Como desenvolver uma prova de conceito in vitro mais forte. Journal of Ethnopharmacol; 106:290-302.

C. Priyanthi, R. Sivakanesan,(2021). "A capacidade antioxidante total e o conteúdo fenólico total do arroz usando água como solvente", International Journal of Food Science, vol.2021, 6 páginas.

David H. Setiadi, Gregory A.Chass, Ladislaus L.Torday, AndrasVarro, Julius Gy.Papp,(2003). Modelos de vitamina E. Poderá a dicotomia anti-oxidante e pró-oxidante do a-tocoferol estar relacionada com as reacções redox de fecho do anel iónico e de abertura do anel radicalar?, Journal of Molecular Structure: THEOCHEM, Volume 620, Números 2-3, Páginas 93-106

Deepa John, K.S. Shylaraj, (2017). Introgressão de QTL sub1 em uma variedade de arroz de elite (Oryza sativa L.) Jyothi por meio de reprodução de retrocruzamento assistida por marcador.Janeiro2017Jornal de Agricultura Tropical Vol 55, No 1 55(1)

Deng, G.-F.; Xu, X.-R.; Zhang, Y.; Li, D.; Gan, R.-Y.; Li, H.-B. (2013). Compostos fenólicos e bioatividades do arroz pigmentado. Crit. Rev. Food Sci. Nutr., 53, 296-306.

El Gharras, H. (2009). Polyphenols: food sources, properties and applications - a review. Revista internacional de ciência e tecnologia alimentar, 44(12), 2512-2518.

F. Arab, I.Alemzadeh, V.Maghsoudi (2011). Determinação do componente antioxidante e da atividade do extrato de farelo de arroz, Scientia Iranica, Volume 18, Número 6, , Páginas 1402-1406.

Farhan Mohiuddin Bhat, Sarana Rose Sommano, Charanjit Singh Riar, Phisit Seesuriyachan e Chanakan Prom-u-Thai. (2020). Status dos compostos bioativos do farelo de variedades de arroz tradicional pigmentado e seu escopo na produção de alimentos medicinais com importância nutracêutica Agronomia, 10 (11), 1817.

Gallo, M., Ferracane, R., Graziani, G., Ritieni, A., & Fogliano, V. (2010). Extração assistida por micro-ondas de compostos fenólicos de quatro especiarias diferentes. Molecules, 15(9), 6365-6374.

G. Deepa, Vasudeva Singh & K. Akhilender Naidu (2012): Caracterização de compostos antioxidantes e atividade antioxidante de variedades de arroz indiano, Journal of Herbs,

Spices & Medicinal Plants, 18: 1, 18-33.

Gennari, Pietro & Rosero Moncayo, Jose & Tubiello, Francesco. (2019). A contribuição da FAO para monitorar os ODS para alimentação e agricultura. Nature Plants. 5. 1196-1197.

Gong ES, Luo SJ, Li T, Liu CM, Zhang GW, Chen J, Zeng ZC, Liu RH. (2017). Perfis fitoquímicos e atividade antioxidante de variedades de arroz integral. Food Chem; 227:432-443.

Goufo P, Trindade H. (2014). Antioxidantes do arroz: ácidos fenólicos, flavonóides, antocianinas, proantocianidinas, tocoferóis, tocotrienóis, y-oryzanol e ácido fítico. Food Sci Nutr. 2014 Mar;2(2):75-104.

Gul, K.; Yousuf, B.; Singh, A.K.; Singh, P.; Wani, A.A. (2015). Farelo de arroz: Valores nutricionais e seu potencial emergente para o desenvolvimento de alimentos funcionais - uma revisão. Bioact. Carbohidratos. Diet. Fibra, 6, 24-30.

Gupta, A., & Gupta, R. (1997). Uma pesquisa de plantas para a presença de atividade de colinesterase.Phytochemistry, 46(5), 827-831.

Hadacek, F. (2002). Secondary metabolites as plant traits: current assessment and future perspectives. Revisões Críticas em Ciências Vegetais, 21(4), 273-322.

Hamilton, M. L., Van Remmen, H., Drake, J. A., Yang, H., Guo, Z. M., Kewitt, K., ... & Richardson, A. (2001). Does oxidative damage to DNA increase with age? Proceedings of the National Academy of Sciences, 98(18), 10469-10474.

Harris, David R. (1996). The Origins and Spread of Agriculture and Pastoralism in Eurasia. Psychology Press. p. 565.

Heber, D.; Yip, I.; Ashley, J.M.; Elashoff, D.A.; Elashoff, R.M.; Go, V.L.(1999). Efeitos de redução do colesterol de um suplemento dietético de arroz com levedura vermelha chinesa. Am. J. Clin. Nutr., 69, 231-236.

Hegde, S. & Yenagi, Nirmala & Kasturiba, B. (2013). Conhecimento indígena dos praticantes tradicionais e qualificados de ayurveda sobre o significado nutricional e o uso de arroz vermelho em medicamentos. Jornal Indiano de Conhecimento Tradicional. 12. 506-511.

Hernandez, Y., Lobo, M. G., & Gonzalez, M. (2009). Factores que afectam a extração de amostras na determinação cromatográfica líquida de ácidos orgânicos em papaia e ananás. Food Chemistry, 114(2), 734-741.

Hertog, M. G., Feskens, E. J., Kromhout, D., Hollman, P. C. H., & Katan, M. B (1993). Dietary antioxidant flavonoids and risk of coronary heart disease: the Zutphen Elderly Study. The Lancet, 342(8878), 1007-1011.

Hu, C., J. Zawistowski, W. Ling e D.D. Kitts, 2003. A fração pigmentada do arroz preto

(Oryza sativa L. indica) suprime as espécies reactivas de oxigénio e o óxido nítrico em sistemas modelo químicos e biológicos. J. Agric. Food Chem, 51: 5271-5277.

Hudson, E.A.; Dinh, P.A.; Kokubun, T.; Simmonds, M.; Gescher, A. (2000). Characterization of potentially chemopreventive phenols in extracts of brown rice that inhibit the growth of human breast and colon cancer cells. Cancer Epidemiol. Biomark. Prev., 9, 1163-1170.

Ibrahim Syed Rizvi, Kanti Bhooshan Pandey, (2009). Plant polyphenols as dietary antioxidants in human health and disease, Oxid Med Cell Longev. Nov-Dez; 2(5): 270-278.

Ignat, I., Volf, I, & Popa, V. I. (2011). Uma revisão crítica dos métodos de caraterização de compostos polifenólicos em frutas e legumes. Food chemistry, 126(4), 1821-1835.

Irina I. Koleva, Teris A. van Beek, Jozef P. H. Linssen, Aede de Groot e Lyuba N. Evstatieva: (2002). Screening of Plant Extracts for Antioxidant Activity: a Comparative Study on Three Testing Methods phytochemical analysis Phytochemical Analayis 13, 8-17.

Isaac, Rimal & Nair, Aparna & Varghese, Elize & CHAVALI, Murthy. (2012). Análise Fitoquímica, Antioxidante e de Nutrientes de Variedades de Arroz Medicinal (Oryza Sativa L.) Encontradas no Sul da Índia. Advanced Science Letters. 11. 86-90.

Janet Vaz e Prabhat Kumar Sharma, (2009). Photoinhibition and photosynthetic acclimation of rice (Oryza sativa L. cv Jyothi) plants grown under different light intensities and photoinhibited under field conditions, Indian Journal of Biochemistry & Biophysics Vol. 46,pp. 253-260.

Jayaraman, Rajarajeswari & Yadavalli, Chandra Sekhar & Singh, Vasudeva & Khanum, Farhath (2019). Compostos fenólicos e actividades antioxidantes em variedades de arroz pigmentado descascado e polido. Oryza-An International Journal on Rice. 56. 263-284.

Jayaprakasha, G. K., Selvi, T., & Sakariah, K. K. (2003). Actividades antibacterianas e antioxidantes de extractos de sementes de uva (Vitis vinifera). Food research international, 36(2), 117-122.

Jayaprakash GK e Rao LJ (2000). "Constituintes fenólicos do líquen Parmontrema stuppeum. Controlo Alimentar 56: 1018-1022.

Jefferson Rocha de A.Silva, Ana Claudia F.Amaral, (2020). Padronização química, atividade antioxidante e conteúdo fenólico de preparações cultivadas de Alpinia zerumbet, Culturas e Produtos Industriais, Volume 151, 112495.

Jun HI, Song GS, Yang EI, Youn Y, Kim YS. Actividades antioxidantes e compostos fenólicos de extractos de farelo de arroz pigmentado. J Food Sci. 2012 Jul;77(7):C759-64. doi: 10.1111/j.1750- 3841.2012.02763.x. Epub 2012 Jun 18.

Kiritsakis, K., Kontominas, M. G., Kontogiorgis, C., Hadjipavlou-Litina, D., Moustakas, A., & Kiritsakis, A. (2010). Composição e atividade antioxidante de extractos de folhas de oliveira de cultivares de oliveira gregas. Journal of the American Oil Chemists' Society, 87(4), 369-376.

K Nisa, V T Rosyida, S Nurhayati, A W Indrianingsih, C Darsih e W Apriyana, (2019). Conteúdo fenólico total e atividade antioxidante do farelo de arroz fermentado com bactérias do ácido lático, IOP Conf. Series: Ciências da Terra e do Ambiente 251, 012020.

Kushwaha, U.K.S.(2016). Black rice. Em Black Rice; Springer: Berlim, Alemanha,; pp. 21-47.

Lai, P.; Li, K.Y.; Lu, S.; Chen, H.H.(2009). Fitoquímicos e propriedades antioxidantes de extractos solventes de farelo de arroz Japonica. Food Chem, 117, 538-544.

Lee, M. J., Prabhu, S., Meng, X., Li, C., & Yang, C. S. (2000). Um método melhorado para a determinação de polifenóis de chá verde e preto em biomatrizes por cromatografia líquida de alta eficiência com deteção de matriz coulométrica. Analytical biochemistry, 279(2), 164-169.

Ling, W.H.; Cheng, Q.X.; Ma, J.; Wang, T.(2001). O arroz vermelho e preto diminui a formação de placas ateroscleróticas e aumenta o estado antioxidante em coelhos. J. Nutr., 131, 1421-1426.

Liu, F. T., Agrawal, S. G., Movasaghi, Z., Wyatt, P. B., Rehman, I. U., Gribben, J.G., ... & Jia,L. (2008). Os flavonóides dietéticos inibem os efeitos anticancerígenos do inibidor do proteassoma bortezomib. Blood, 112(9), 3835- 3846.

ManmohanSinghal, ArindamPaul, Hemendra P.Singh (2014) Síntese e ensaio de poder redutor de derivados de metil semicarbazona, Journal of Saudi Chemical Society Volume 18, Edição 2, Páginas 121-127.

Md. Mahbubur Rahman,Md.Badrul Islam, Mohitosh Biswas &A. H.M.Khurshid

Alam. (2015) Atividade antioxidante in vitro e de eliminação de radicais livres de diferentes partes de Tabebuia pallida crescendo em Bangladesh.BMC Research Notes volume 8, número do artigo: 621.

Melissa dos Santos oliveira , Eliane pereira cipolatti2, Eliana Badiale furlong , Leonor de Souza soares (2012) Compostos fenólicos e atividade antioxidante em farelo de arroz (Oryza sativa) fermentado Ciência e Tecnologia de Alimentos, vol. 32, núm. 3, julio-septiembre, pp. 531-537.

Mendiola, J. et al. (2010). Design de Ingredientes Antioxidantes Naturais para Alimentos através de uma Abordagem Quimiométrica. Journal of Agricultural and Food Chemistry, v. 58, p. 787-792.

Michael A Huffman (2003). Animal self-medication and ethno-medicine: exploration and exploitation of the medicinal properties of plants, Proceedings of the Nutrition Society 62 (2), 371-381.

Miranda,C, Stevens,J., Helmrich, A., Henderson, M., Rodriguez, R., Yang, Y.H., Deinzer, M., Barnes, D.,& Buhler,D.(1999), Antiproliferative and cytotoxic effects of prenylated flavonoids from hops (Humulus lupulus) in human cancer cell lines. Food and Chemical Toxicology, 37(4),271-285.

Mohd Nur Nasyriq Anuar Ovais Ullah Shirazi, Muhammad Muzaffar Ali Khan Khattak, Nor Azwani Mohd Shukri (2014). Determinação do conteúdo fenólico total, flavonoide e actividades de eliminação de radicais livres de ervas e especiarias comuns. Jornal de Farmacognosia e Fitoquímica; 3 (3): 104-108.

Monika Kundu Srivastava (2018). As variedades de arroz especiais de Kerala são um depósito de nutrição: estudo India science Wire

Moure, A., Cruz, J. M., Franco, D., Dominguez, J. M., Sineiro, J., Dominguez, H..& Parajo, J.C. (2001). Antioxidantes naturais de fontes residuais. Química alimentar, 72(2), 145-171.

Nam, S.H.; Choi, S.P.; Kang, M.Y.; Koh, H.J.; Kozukue, N.; Friedman, M. (2006). Actividades antioxidantes de extractos de farelo de vinte e uma cultivares de arroz pigmentado. Food Chem, 94, 613-620.

Nancy Dewi Yuliana, Muhamad Arif Akhbar (2020). Avaliação química e física, perfis antioxidantes e de digestibilidade de arroz branco e pigmentado de diferentes áreas da Indonésia Braz. J. Food Technol. 23.

Narayanaswamy, R.; Wai, L.K.; Esa, N.M. (2017). Análise de ancoragem molecular de ácido fítico e 4-hidroxi-isoleucina como ciclooxigenase-2, prostaglandina E sintase-2 microssomal, tirosinase, elastase neutrofílica humana, metaloproteinase de matriz-2 e-9, xantina oxidase, esqualeno sintase, óxido nítrico sintase, aldose redutase humana e inibidores de lipoxigenase. Pharmacogn. Mag., 13, S512.

Nayan R. Bhalodia, Pankaj B. Nariya, R.N.Acharya e V.J.Shukla (2013).ln vitro atividade antioxidante do extrato hidro-alcoólico da polpa do fruto de Cassia fistula Linn Ayu.; 34(2): 209-214.

Nazish Siddiqui ,*Abdur Rauf, Abdul Latif, and Zeenat Mahmood, (2017) Determinação espectrofotométrica do conteúdo fenólico total, estudo espetral e de fluorescência do medicamento Unani à base de plantas Gul-e-Zoofa (Nepeta bracteata Benth) Journal of Taibah University Medical Sciences 12(4): 360-363.

N. Muntana e S. Prasong, 2010. Estudo sobre o conteúdo fenólico total e suas actividades

antioxidantes de extractos de farelo de arroz branco, vermelho e preto tailandês. Jornal de Ciências Biológicas do Paquistão, 13: 170-174.
Oakley, Richard T. (1988). Tiazenos cíclicos e heterocíclicos. Progresso em Química Inorgânica 36, 299-391.
Oki, T.; Masuda, M.; Kobayashi, M.; Nishiba, Y.; Furuta, S.; Suda, I.; Sato, T. (2002). Polymeric procyanidins as radical-scavenging components in red-hulled rice. J. Agric. Food Chem, 50, 7524-7529.
Oktay M, Gülçin I, Küfrevioglu OI. (2003). Determinação da atividade antioxidante in vitro de extractos de sementes de funcho (Foeniculum vulgare). LWT-Food Sci Technol;36:263-71.
Oyaizu M., (1986). Estudos sobre o produto da reação de escurecimento preparado a partir de amina de glucose, Jpn. Jpn. Nutr., 44, pp. 307-315.
Panchawat, S., Rathore, K. S.. & Sisodia, S. S. (2010). Uma revisão sobre antioxidantes à base de plantas. Intern J Pharm Tech Res, 2, 232-239.
P. Jayanthi e P. Lalitha, (2011) poder redutor dos extractos de solvente de eichhornia crassipes (mart.) Solms, Int J Pharm Pharm Sci, Vol 3, Suppl 3, 126-128.
Prabhu, Ashish A, e A Jayadeep (2015). "Processamento enzimático de farelo de arroz pigmentado e não pigmentado em mudanças no oryzanol, polifenóis e atividade antioxidante." Journal of food science and technology vol. 52,10: 6538-46.
Pratt, D. E., & Hudson, B. J. (1990). Antioxidantes naturais não explorados comercialmente. In Food antioxidants. Springer, Dordrecht.... 171-192.
Quisumbing E. (1978). Medicinal Plants of the Phillippines; Katha Publishing Co. Inc.; Phil; p. 977. Phil; p. 977.
Rajarajeswari Jayaraman, Hrudya Uluvar, Farhath Khanum, Vasudeva Singh (2019). Influência da parboilização de variedades de arroz vermelho por simples imersão a quente nas propriedades físicas, nutricionais, fitoquímicas e antioxidantes do arroz descascado e nos estudos de bioacessibilidade de minerais, amido e antioxidantes J Food Biochem Volume43, Issue7.
Rao AS, Reddy SG, Babu PP, Reddy AR. (2010). As actividades antioxidantes e antiproliferativas dos extractos metanólicos do farelo de arroz Njavara. BMC Complement Altern Med;10:4.
Rathna Priya, T., Eliazer Nelson, A.R.L., Ravichandran, K. et al. Nutritional and functional properties of coloured rice varieties of South India: a review. J. Ethn. Food 6, 11 (2019). 2352- 6181.

Ravichanthiran K, Ma ZF, Zhang H, et al. (2018). Perfil fitoquímico do arroz integral e suas implicações nutrigenômicas. Antioxidantes (Basileia). 2018;7(6):71.

Re, R., Pellegrini, N., Proteggente, A., Pannala, A., Yang, M., & Rice Evans, C. (1999). Atividade antioxidante aplicando um ensaio melhorado de descoloração do radical catião ABTS. Biologia e medicina dos radicais livres, 26(9-10), 1231-1237.

Russo, A., Acquaviva, R., Campisi, A., Sorrenti, V., Di Giacomo, C., Virgata, G., & Vanella,A. (2000). Bioflavonoids as antiradicals, antioxidants and DNA cleavage protectors. Cell biology and toxicology, 16(2), 91-98.

Rusty C. Bautista e Paul Allen Counce, (2020). An Overview of Rice and Rice Quality, Cereal foods world, vol. 65, no. 5

Saakre, M., Mathew, D. & Ravisankar, V. (2021). Perspectivas sobre medicamentos à base de flavonóides vegetais quercetina para o novo SARS-CoV-2. Beni-Suef Univ J Basic Appl Sci 10, 21.

Saenkod, C. (2013). Propriedades bioquímicas anti-oxidativas de extractos de algumas variedades de arroz chinesas e tailandesas. Afr. J. Food Sci., 7, 300-305.

Sampietro Diego , Carlos L. Céspedes, David S. Seigler, Mahendra Rai (2013). Antioxidantes naturais e biocidas de plantas medicinais selvagens, CABI.org. Capa dura, 288 páginas Sapna I, Kamaljit M, Priya R, Jayadeep PA. (2019). A moagem e o tratamento térmico induziram alterações nos componentes fenólicos e nas actividades antioxidantes das farinhas de arroz pigmentadas. J Food Sci Technol;56(1):273-280.

Saura-Calixto, F.; Serrano, J.; Goñi, I. (2007). Ingestão e bioacessibilidade de polifenóis totais numa dieta completa. Food Chem, 101, 492-501.

Saxena, A.(2014). Salvar o arroz vermelho: A Unique Gift of Nature. Int. J. Curr. Res. Biosci. Plant Biol., 1, 32-34.

Seeram, N. P. (2008). Berry fruits: compositional elements, biochemical activities, and the impact of their intake on human health, performance, and disease. Jornal de química agrícola e alimentar 56; 627-629.

Shahidi, F.; Ambigaipalan, P. (2015). Fenólicos e polifenólicos em alimentos, bebidas e especiarias: Atividade antioxidante e efeitos na saúde - uma revisão. J. Funct. Foods, 18, 820-897.

Shao, Y.; Xu, F.; Sun, X.; Bao, J.; Beta, T. (2014). Identificação e quantificação de ácidos fenólicos e antocianinas como antioxidantes no farelo, embrião e endosperma de grãos de arroz branco, vermelho e preto (Oryza sativa L.). J. Cereal Sci., 59, 211-218.

Shimizu, T., Torres, M. P., Chakraborty, S., Souchek, J. J., Rachagani, S. Kaur, S., & Batra,

S.K. (2013). O extrato da folha de manjericão sagrado diminui a tumorigenicidade e a metástase de células agressivas de câncer pancreático humano in vitro e in vivo: papel potencial na terapia. Cancer letters, 336(2), 270-280.

Singleton, V. e Rossi, J. (1965) Colorimetry of Total Phenolic Compounds with Phosphomolybdic-Phosphotungstic Acid Reagents. American Journal of Enology and Viticulture, 16, 144-158.

Singh, N., & Rajini, P. S. (2004). Atividade de eliminação de radicais livres de um extrato aquoso de casca de batata. Food Chemistry, 85(4), 611-616.

Singh NK, Rani M, Sharmila RT, et al. Flavonóides no arroz, o seu papel nos benefícios para a saúde. MOJ Food Process Technol. 2017;4(3):96-99.

Skerget, M., Kotnik, P., Hadolin, M., Hras, A. R., Simonic, M., & Knez, z. (2005). Fenóis, proantocianidinas, flavonas e flavonóis em alguns materiais vegetais e suas actividades antioxidantes. Química alimentar, 89(2), 191-198.

Sokmen, A., Jones, B.M e Erturk, M. (1999). A atividade antibacteriana in vitro de plantas medicinais turcas. Journal of Ethnopharmacology 67:79-86.

Sommano, S., Visakh, P.M., Iturriaga, L.B., Ribotta, P.D., Eds.; (2013). Efeito do processamento de alimentos em compostos bioativos. Em Avanços em Ciência dos Alimentos e Nutrição, 2ª ed.; pp. 361-390.

Sriseadka T, Wongpornchai S, Rayanakorn M. (2012). Quantificação de flavonóides no arroz preto por cromatografia líquida - espetrometria de massa em tandem de ionização por electrospray negativo. J Agric Food Chem; 60(47):11723-32.

Sugano, M. e E. Tsuji, 1997. Óleo de farelo de arroz e metabolismo do colesterol. J. Nutr., 127: 521S- 524S.

Tapiero, H., Tew. K. D., Ba, G. N., & Mathe. G. (2002). Polifenóis: desempenham um papel na prevenção de patologias humanas? Biomedicina & farmacoterapia, 56(4), 200-207.

Thampi, Hari. (2020). Composição nutricional de variedades tradicionais seleccionadas de arroz de Kerala. Jornal de Agricultura Tropical 58 (1): 33-43, 2020. Jornal de Agricultura Tropical. 53. 33-43.

Tsang, W. P., & Kwok, T. T. (2009). O microRNA miR-18a* funciona como um potencial supressor de tumores através do direcionamento para o K-Ras. Carcinogenesis, 30(6), 953-959.

Tyagi, A.; Lim, M.-J.; Kim, N.-H.; Barathikannan, K.; Vijayalakshmi, S.; Elahi, F.; Ham, H.-J.; Oh, D.-H. (2022). Quantificação de Aminoácidos, Perfil de Compostos Fenólicos de Nove Variedades de Arroz e seu Potencial Antioxidante. Antioxidantes, 11, 839.

Vaughan, DA; Lu, B; Tomooka, N (2008). "A história evolutiva da evolução do arroz". Ciência das Plantas. 174 (4): 394-408.

W. E. Hillis, T. Swain (1959). Phenolic constituents of Prunus domestica. III.-Identificação dos principais constituintes nos tecidos da ameixa victoria, Journal of the Science of Food and Agriculture Volume10, Issue2 Pages 135-144.

Wolfe, K. L.,& Liu, R. H. (2007). Cellular antioxidant activity (CAA) assay for assessing antioxidants, foods, and dietary supplements (Ensaio de atividade antioxidante celular (CAA) para avaliar antioxidantes, alimentos e suplementos dietéticos). Journal of agricultural and food chemistry, 55(22), 8896-8907.

Xianshu Fu, Xiaoping Yu, Zihong Ye, e Haifeng Cui (2015). Análise da atividade antioxidante do arroz integral chinês por espetroscopia de infravermelho próximo transformada por Fourier e quimiometria Journal of Chemistry, vol.2015, 5 páginas.

Yanishlieva, N. V., Marinova, E., & Pokorny, J. (2006). Natural antioxidants from herbs and spices. Jornal Europeu de Ciência e Tecnologia dos Lípidos, 108(9), 716-793.

Yawadio, R.; Tanimori, S.; Morita, N. (2007). Identificação de compostos fenólicos isolados de arroz pigmentado e das suas actividades inibidoras da aldose redutase. Food Chem, 101, 1616- 1625.

Youwei, Z.,Jinlian, Z., & Yonghong, P. (2008). Um estudo comparativo sobre as actividades de eliminação de radicais livres de algumas flores frescas do sul da China. LWT-Ciência e Tecnologia Alimentar, 41(9), 1586-1591.

Zhang, X.; Shen, Y.; Prinyawiwatkul, W.; King, J.M.; Xu, Z. (2013). Comparação das atividades de antocianinas hidrofílicas e tocols lipofílicos no farelo de arroz preto contra a oxidação lipídica. Food Chem, 141, 111-116.

Zhou, L., & Elias, R. J. (2013). Atividade antioxidante e pró-oxidante da epigalocatequina-3-galato em emulsões alimentares: Influência do pH e da concentração fenólica. Química alimentar, 138(2), 1503-1509.

Printed by Books on Demand GmbH, Norderstedt / Germany